区块链原理及其安全技术应用研究

党 莹 党 维 张江霄◎著

中国原子能出版社

图书在版编目（CIP）数据

区块链原理及其安全技术应用研究 / 党莹，党维，张江霄著. --北京：中国原子能出版社，2023.11

ISBN 978-7-5221-3106-1

Ⅰ. ①区… Ⅱ. ①党…②党…③张… Ⅲ. ①区块链技术–研究 Ⅳ. ①TP311.135.9

中国国家版本馆 CIP 数据核字（2023）第 222357 号

区块链原理及其安全技术应用研究

出版发行 中国原子能出版社（北京市海淀区阜成路 43 号 100048）
责任编辑 杨 青
责任印制 赵 明
印　　刷 北京天恒嘉业印刷有限公司
经　　销 全国新华书店
开　　本 787 mm×1092 mm 1/16
印　　张 17.75
字　　数 270 千字
版　　次 2023 年 11 月第 1 版 2023 年 11 月第 1 次印刷
书　　号 ISBN 978-7-5221-3106-1 **定 价** **76.00 元**

前 言

区块链技术作为一种去中心化、分布式的数据库技术，自问世以来引起了广泛的关注和研究。它的核心理念是通过共识机制、密码学技术和分布式账本等手段，实现在网络中去信任化、去中心化的价值传递和信息存储。本书旨在深入探讨区块链的原理，以及如何在这一基础上运用安全技术，保障区块链系统的稳定性和用户数据的安全性。

区块链的核心原理在于其独特的数据结构和去中心化的特点。首先，区块链是由一个个区块组成的，每个区块包含了前一个区块的哈希值，形成了一个链条式的数据结构。这种链条结构保证了数据的不可篡改性，一旦某个区块的数据被修改，其后所有的区块都会受到影响。其次，去中心化的特点使得区块链系统不依赖于中心服务器，数据存储在全网的节点中，提高了系统的安全性和稳定性。

随着区块链技术的广泛应用，用户的隐私保护成为一个日益突出的问题。本书将探讨零知识证明、同态加密等隐私保护技术在区块链中的应用，以及如何在保障数据透明性的同时，有效保护用户的隐私。

区块链技术的发展为各行各业带来了前所未有的变革，然而其安全性问题也成为需要重点关注的方向。本书通过深入研究区块链的基本原理、共识机制、密码学技术、智能合约、隐私保护等方面，旨在为更好地理解区块链的安全性提供理论支持和实践指导。在区块链不断创新发展的过程中，安全技术的研究与应用将成为确保区块链系统健康运行的关键。

目　录

第一章

区块链基础原理

第一节　区块链的定义与概念

一、区块链的基本概念

区块链是一种去中心化的分布式数据库技术，最初是为比特币这种加密货币设计的。区块链的基本概念涉及到分布式记账、去中心化、加密算法等多个方面。以下将详细介绍区块链的基本概念，以及它在不同领域的应用。

（一）区块链的基本原理

1. 分布式账本

区块链的核心是一个分布式账本，它记录了所有参与者的交易历史。每个参与者都有一份完整的账本副本，而且账本的更新是通过网络中的节点共同验证和同步完成的。这种分布式账本的设计使得数据具有高度的透明性和可追溯性，任何参与者都可以查看整个账本的历史记录。

2. 去中心化

与传统的中心化数据库不同，区块链没有一个中央机构或权威来控制数据流通和验证交易。而是数据存储在网络中的多个节点上，每个节点都有权验证和记录新的交易。这种去中心化的特性使得区块链更为安全、透明，同时减少了单点故障的可能性。

3. 加密算法

区块链使用了先进的加密算法来确保数据的安全性和隐私性。每个区块都包含一个哈希值，即将任意长度的输入数据通过哈希函数转换为固定长度的输出结果，该哈希值取决于前一个区块的信息，以及当前区块的交易信息。这种链接方式使得区块链中的数据不可篡改，因为一旦修改了某一区块的信息，它的哈希值就会发生变化，导致整个链的数据不一致。

（二）区块链的工作流程

1. 交易验证

当参与者发起一笔交易时，网络中的节点将对这笔交易进行验证。验证的过程包括检查交易的有效性、验证发送方的身份，以及确保账户有足够的余额。只有通过验证的交易才能被写入区块链。

2. 区块生成

一组经过验证的交易将被打包成一个区块。每个区块都包含一个时间戳、交易数据和前一区块的哈希值。这个过程通过共识算法（如工作量证明或权益证明）来确定，确保网络中的节点达成一致。

3. 共识机制

共识机制是区块链中确保节点就一致性达成共识的一种算法。不同的区块链项目使用不同的共识机制，比如，比特币使用的是工作量证明，而以太坊正在转向权益证明。共识机制的目标是防止恶意行为，确保网络的稳定和安全。

4. 区块链的不断增长

每个新生成的区块都包含前一区块的哈希值，形成了一个不断增长的链条。这种链式结构确保了数据的连续性和完整性。同时，由于每个区块都包含前一区块的信息，任何尝试修改旧区块数据的行为都会导致

整个链的变化，从而被网络中的节点识别和拒绝。

（三）区块链的应用领域

1. 加密货币

最初，区块链被设计用于支持比特币这种加密货币。通过区块链技术，实现了去中心化的比特币数字货币交易，确保了交易的透明性和安全性。

2. 智能合约

以太坊引入了智能合约的概念，它是一种在区块链上执行的自动化合约。智能合约可以编写和执行代码，在没有中介的情况下实现自动执行的合同条件。

3. 供应链管理

区块链可以用于跟踪商品的生产和分发过程。通过在区块链上记录每一步的交易和信息，供应链管理变得更加透明，减少了欺诈和错误的可能性。

4. 身份验证

区块链可以用于安全地管理和验证个体身份。个体的身份信息存储在区块链上，用户可以选择与特定服务共享其身份信息，从而实现更安全的、具有隐私保护的身份验证系统。

5. 医疗保健

在医疗领域，区块链可以用于管理患者的医疗记录。患者可以掌握自己的医疗数据，并选择是否与医疗机构共享，提高数据的安全性和可控性。

（四）区块链的挑战和未来发展

1. 扩展性问题

目前一些公共区块链面临着扩展性问题，交易速度较慢，费用较高。解决扩展性问题是区块链未来发展的一个关键挑战。

2. 法律和监管挑战

由于区块链的去中心化特性，其法律和监管框架仍然面临挑战。很多国家和地区对于数字货币、智能合约等区块链应用的法律法规还在不断探索和完善中。解决这一问题需要建立更加明确的法律框架，以确保区块链技术的合法合规应用。

3. 隐私和安全性

尽管区块链使用了强大的加密算法，但隐私和安全性仍然是关键问题。在一些公共区块链上，所有交易都是公开可见的，这可能泄露用户的隐私信息。因此，提高区块链网络的隐私性，同时保持足够的透明度，是一个亟需解决的难题。

4. 能源消耗

一些区块链网络使用的共识算法，特别是工作量证明，需要较高的计算能力，导致了高能耗。这不仅不符合可持续发展的理念，还增加了网络运行的成本。因此，研究和采用更为有效的共识机制是未来的发展方向。

5. 互操作性

在不同的区块链网络之间，存在互操作性的问题。各个网络采用不同的协议和标准，导致它们之间难以互相通信和合作。解决这一问题需要建立更加通用的标准，促进不同区块链之间的数据和资产流通。具体的未来发展方向如下。

改进共识机制：研究和采用更为能效的共识机制，如权益证明、拜占庭容错算法等，以提高区块链网络的性能和可持续性。

法律法规框架：加强对区块链技术的法律和监管框架的建设，确保应用合法合规，同时保护用户权益和隐私。

隐私保护技术：发展更为先进的隐私保护技术，确保用户在区块链上的交易和数据不被非法获取和滥用。

跨链技术：推动不同区块链网络之间的互操作性，以促进数据和资产的流通，实现更广泛的区块链应用。

可持续发展：研究采用更为环保的共识机制，减少区块链网络的能

源消耗，符合可持续发展的原则。

总体而言，区块链作为一种创新性的技术，将在未来继续影响各个行业。随着技术的不断进步和问题的逐步解决，区块链有望成为更加安全、透明、高效的基础设施，推动社会经济的进一步发展。

二、区块链的工作原理

区块链是一种去中心化、分布式的记账技术，其工作原理基于密码学、分布式计算和共识机制。以下将详细解释区块链的工作原理，包括交易验证、区块生成、共识机制等方面。

（一）分布式账本和交易验证

区块链的基本原理是构建一个分布式账本，记录网络上的所有交易。当参与者发起一笔交易时，该交易会广播到网络中的所有节点。节点会验证这笔交易的合法性，包括检查交易的签名、验证发送方的账户余额等。只有通过验证的交易才能被添加到区块链上。

每个区块包含一定数量的交易，这些交易经过验证后会被打包成一个区块。这个过程确保了区块链中的交易是经过确认的、不可篡改的。这也是为什么区块链被认为是一个安全的分布式账本，因为要修改一个区块中的交易，攻击者需要改变整个链中的所有后续区块，这是几乎不可能的任务。

（二）区块生成

一旦一组交易被验证，它们就会被打包成一个区块。区块包含有关这些交易的信息，以及上一个区块的哈希值。哈希值是通过对前一区块的数据进行加密算法计算而得到的，这也是区块链的连接机制之一。这确保了每个区块都与前一个区块链接在一起，形成一个不可分割的链。

在区块生成的过程中，节点之间可能存在竞争，因为它们都想成为下一个区块的创建者。这通常通过共识机制来解决，以确保网络上的所有节点都能达成一致，选择一个节点作为下一个区块的创建者。

（三）共识机制

共识机制是区块链中确保节点之间达成一致的关键组成部分。不同的区块链项目使用不同的共识机制，其中两种最常见的是工作量证明（Proof of Work，PoW）和权益证明（Proof of Stake，PoS）。

1. 工作量证明（Proof of Work，PoW）

在 PoW 中，节点（也称为矿工）通过解决一个复杂的数学问题来证明他们对网络的贡献。第一个解决问题的节点将被选为下一个区块的创建者，并获得相应的奖励。这个过程被称为挖矿，但它需要大量的计算能力，因此耗能较大。

2. 权益证明（Proof of Stake，PoS）

在 PoS 中，节点被选为下一个区块的创建者的概率与其持有的加密货币数量成正比。这意味着拥有更多加密货币的节点更有可能被选中，从而减少了挖矿过程中的能源消耗。PoS 被认为是一种更为环保、更具能效的共识机制。

共识机制的选择取决于区块链项目的特定需求和目标。除了 PoW 和 PoS 之外，还有许多其他的共识机制，如权益证明+权益抵押（Delegated Proof of Stake，DPoS）、权益证明+权益锁定（Locked Proof of Stake，LPoS）等。

（四）区块链的不可篡改性和安全性

区块链的设计使其具有高度的安全性和不可篡改性。一旦一个区块被加入到链中，它的哈希值就将包含在下一个区块中。这种链接机制使得修改一个区块的数据变得非常困难，因为这将导致整个链的哈希值发生改变。

为了成功修改一个区块，攻击者需要掌握网络中超过 50%的计算能力，这被称为 51%攻击。这是一个极其昂贵和不现实的任务，因此区块链被认为是安全的。

（五）智能合约

智能合约是区块链的另一个重要概念，它是一种自动执行的合约，其执行逻辑嵌入在区块链中。智能合约使用编程代码定义了合同条件，当满足这些条件时，合同会自动执行。以太坊是一个支持智能合约的区块链平台，通过其上的虚拟机执行智能合约代码。

智能合约可以用于自动执行各种任务，如支付、转账、管理数字资产等。它们在去除中介的同时提高了合同执行的效率和透明度。

（六）区块链的应用领域

1. 加密货币

最初，区块链技术是为比特币这种加密货币设计的。比特币利用区块链技术实现了去中心化的数字货币交易，确保了交易的透明性和安全性。除比特币外，许多其他加密货币如以太币、莱特币等也使用了区块链技术。

2. 智能合约

以太坊是一个支持智能合约的区块链平台。智能合约的应用领域非常广泛，包括但不限于以下领域。

金融服务：智能合约可以用于自动化和执行金融交易，如支付、贷款、保险等。它们消除了传统金融系统中的中介，提高了效率、降低了成本。

供应链管理：区块链和智能合约可以用于追踪产品的生产、运输和分销过程。有助于提高供应链的透明度，降低受到欺诈和犯错误的概率，并加强对产品来源的信任。

房地产：智能合约可以用于房地产交易，自动执行合同条款，确保交易的公正性和透明性。这有助于简化房地产交易流程，并减少与中介相关的费用。

身份验证：区块链可以用于安全地管理和验证个体身份。个体的身份信息被存储到区块链上，用户可以选择与特定服务共享其身份信息，从而实现更安全、更具隐私保护功能的身份验证系统。

医疗保健：在医疗领域，区块链可以用于管理患者的医疗记录。患者可以掌握自己的医疗数据，并选择是否与医疗机构共享，提高数据的安全性和可控性。

3. 数字资产和代币化

区块链技术还促进了数字资产的发展。通过发行代币，可以在区块链上代表实物或权益。这使得数字化资产的创建、交易和管理变得更加便捷。例如，艺术品、房地产、公司股权等可以通过代币化在区块链上进行交易。

4. 去中心化应用

区块链支持去中心化应用程序（DApps），这是建立在区块链上而不依赖于中心化服务器的应用。DApps 通常使用智能合约来执行业务逻辑。以太坊是一个著名的支持 DApps 开发的平台，通过其上的智能合约，开发者可以构建各种去中心化应用，涵盖社交、游戏、金融等领域。

区块链作为一种革新性的技术，具有去中心化、安全、透明等特点，在多个领域都有着广泛的应用前景。尽管它面临一些挑战，如扩展性、法律法规、隐私安全等，但随着技术的不断进步和社会对去中心化的需求增加，区块链有望在未来继续发挥重要作用。在克服挑战的过程中，更多的创新和协作将推动区块链技术朝着更加成熟和可持续的方向发展。

三、区块链与传统数据库的区别

区块链和传统数据库是两种不同的数据存储和管理技术，它们在设计理念、数据结构、安全性、去中心化程度等方面存在显著差异。以下我们将深入探讨区块链与传统数据库的区别，以及它们在不同应用场景中的优劣势。

（一）设计理念的不同

1. 传统数据库

传统数据库采用中心化的设计理念，数据被存储在一个中央服务器

或多个互联的服务器上。这些服务器由中央控制机构或组织管理和维护，用户通过数据库管理系统（DBMS）进行数据的读取、写入和查询。传统数据库通常使用关系型数据库管理系统（RDBMS）来组织和管理数据，例如，MySQL、Oracle、Microsoft SQL Server。

2. 区块链

与传统数据库不同，区块链采用去中心化的设计理念。数据不存储在单一实体或服务器上，而是分布在网络的多个节点中。每个节点都有一份完整的拷贝数据，任何修改都需要经过网络中多数节点的确认。这种去中心化的设计使得区块链具有更高的透明度、可靠性和安全性。

（二）数据结构的不同

1. 传统数据库

传统数据库通常采用表格的形式存储数据，这些表格具有预定义的结构，其中每一列代表一种数据类型，每一行代表一个记录。这种结构使得传统数据库适用于处理结构化数据，如数字、文本、日期。

2. 区块链

区块链使用了一种更为灵活的数据结构，被称为区块。每个区块包含了一定数量的交易信息，以及前一个区块的哈希值。区块链的数据结构使得它可以存储和处理非常复杂的数据，包括文本、图像、智能合约等。这种结构的灵活性使得区块链更适用于多样化的应用场景。

（三）安全性的不同

1. 传统数据库

传统数据库的安全性依赖于网络和服务器的防护措施，以及对数据库的访问控制。一旦攻破了中央服务器，数据库的所有数据都可能面临威胁。传统数据库通常使用用户名和密码进行身份验证，这可能容易受到恶意攻击，如 SQL 注入。

2. 区块链

区块链的安全性建立在去中心化、加密和共识机制的基础上。由于数据分布在整个网络中的多个节点，攻击者要修改一条数据就需要攻破大多数据节点，这极大地提高了安全性。此外，区块链使用先进的加密算法以确保数据的保密性，而共识机制确保了所有节点对交易的一致性意见。

（四）共识机制的不同

1. 传统数据库

在传统数据库中，通常依赖于集中式的控制机构来保持数据的一致性。数据库管理员有权力决定对数据库的修改和更新，但这也使得数据库容易受到内部和外部的恶意攻击。

2. 区块链

区块链采用了去中心化的共识机制，以确保网络中的各节点就数据的一致性达成共识。常见的共识机制包括工作量证明、权益证明、拜占庭容错算法等。这些机制通过数学和密码学的方式，确保了网络的稳定和数据的完整性。

（五）去中心化的程度

1. 传统数据库

传统数据库是中心化的，数据存储在一个中央服务器中或者由中央机构控制。这使得数据库的管理相对简单，但也容易成为被攻击的目标。

2. 区块链

区块链是去中心化的，数据分布在网络的多个节点中，没有单一的控制点。这种设计降低了系统的脆弱性，提高了系统的稳定性和抗攻击能力。

（六）可追溯性和透明度的不同

1. 传统数据库

传统数据库的修改通常是由数据库管理员或有特殊权限的用户进行的。虽然可以记录修改日志，但在某些情况下可能会有被篡改的风险。

2. 区块链

区块链上的每笔交易都被记录在一个区块中，而且这些区块是不可

修改的。这使得区块链具有极高的可追溯性和透明度，任何人都可以查看整个交易历史，确保数据的真实性和一致性。

（七）应用场景的不同

1. 传统数据库

传统数据库适用于需要快速读写、事务处理频繁的场景，如企业内部管理、网站应用、客户关系管理（CRM）等。

2. 区块链

区块链适用于需要高度信任、去中心化和不可篡改的场景，如数字货币交易、供应链管理、智能合约执行、身份验证、不可变的交易记录等。具体应用场景如前文所述。

区块链与传统数据库在设计理念、数据结构、安全性、共识机制等方面存在着显著的区别。传统数据库以中心化、结构化的方式存储数据，适用于许多传统的业务场景。而区块链通过去中心化、分布式、不可篡改的特性，提供了更高的透明度、可追溯性和安全性，适用于需要建立信任、去中心化执行合同的场景。

在实际应用中，选择使用传统数据库还是区块链取决于具体的业务需求。传统数据库仍然在许多传统业务中发挥着关键作用，而区块链则更适用于需要强调去中心化、不可篡改和高度信任的场景。未来，随着技术的不断发展和区块链应用的扩大，这两者可能会在某些领域达到更好的整合和平衡。

第二节　区块链的数据结构

一、区块的组成要素

区块是区块链技术中的基本构建单元，是一系列交易的集合，通过哈希值链接在一起，形成了不断增长的链式结构。以下将深入探讨区块的组成要素，包括交易、区块头、哈希值、时间戳等，以及这些要素是如何共同构建区块链的。

（一）交易

交易是区块的基础，代表着参与者在区块链上进行的价值转移。这些价值转移可以是数字货币的转账，也可以是其他形式的价值转移，例如，智能合约的执行、数字资产的创建与转移等。每个区块都包含了一定数量的交易信息，这些交易被打包在一起，构成了区块的内容。

在区块中，交易记录了参与者之间的各种行为，包括付款、转账、合约执行等。每个交易都包含有关参与者、金额、时间戳等信息。这些交易是区块链的操作单位，通过交易的确认和记录，实现了价值的传递和智能合约的执行。

（二）区块头

区块头是区块的关键部分，它包含了区块的元信息和用于确保区块链的安全性的重要信息。区块头的主要组成部分包括以下几部分。

1. 前一区块哈希值

区块头包含了对前一区块的哈希值的引用。哈希值将当前区块与前一区块连接在一起，形成了区块链的链接机制。这种链接机制确保了区块链的不可篡改性，因为一旦修改了一个区块，它就会影响到后续所有区块的哈希值。

2. Merkle 树根哈希值

Merkle 树是一种数据结构，用于对交易信息进行哈希计算。区块头包含了 Merkle 树的根哈希值，这个值是通过对交易逐层进行哈希计算得到的。Merkle 树的使用提高了区块的效率，因为可以通过根哈希值快速验证交易的有效性。

3. 时间戳

时间戳记录了区块的创建时间，通常采用 UTC 时间格式。时间戳的

存在有助于确保区块按时间顺序链接，同时在一些共识算法中也用于调整区块的难度。

4. 难度目标值

区块链的共识机制通常会设定一个目标难度值，用于调整挖矿难度。这个值是由网络根据矿工的挖矿速度动态调整的，以确保新区块的产生大致保持在固定的时间间隔内。这有助于防止区块产生速度过快或过慢，维持整个网络的稳定性。

5. 随机数

随机数（Nonce）是一个 32 位的随机数，它是用于调整区块头哈希值以满足难度目标值的关键因素。矿工通过不断尝试不同的 Nonce 值来找到一个符合条件的哈希值，这个过程被称为挖矿。Nonce 的引入增加了区块的随机性，使得矿工必须花费一定的计算资源来寻找符合条件的哈希值。

（三）区块体

区块体是区块中包含的交易信息。它记录了参与者之间的各种操作，是区块链的实质性内容。区块体中的交易经过验证和打包后，形成了一个不可篡改的数据块，连接在区块链上。

交易列表是区块体的主要组成部分，包含了当前区块中包含的所有交易。每个交易都经过了网络中多数节点的验证，确保其合法性和有效性。交易列表的构建是区块链中的重要过程，它影响着区块链的效率和吞吐量。

（四）区块的哈希值

区块的哈希值是通过对区块头和区块体进行哈希计算得到的。这个哈希值是区块的唯一标识，它包含了区块的所有信息，包括前一区块的哈希值、Merkle 树根哈希值、时间戳、难度目标值、Nonce 等。区块的哈希值是通过哈希函数（例如 SHA－256）计算得到的一串固定长度的字符串。

哈希值的生成是区块链的关键机制之一，它确保了区块的唯一性和不可篡改性。一旦区块生成，其哈希值就成为了区块链上的一部分，任何对区块的修改都会导致哈希值的变化，从而影响整个区块链的一致性。

（五）区块链的不可篡改性

通过区块的组成要素，我们可以更好地理解区块链的不可篡改性。当一个区块生成后，它的哈希值成为了该区块的唯一标识。这个哈希值包含了区块头和区块体的所有信息，同时也包括了前一区块的哈希值。由于哈希函数的特性，任何对区块头或区块体的修改都会导致哈希值的变化，从而破坏链式连接。

前一区块哈希值：区块头包含对前一区块哈希值的引用，这保证了区块链的连续性。如果有人尝试篡改前一区块，那么它的哈希值将会发生变化，这将影响到当前区块的哈希值，使得整个链的一致性受到破坏。

Merkle 树根哈希值：区块头中的 Merkle 树根哈希值是对区块体中所有交易的汇总，任何一笔交易的更改都将导致 Merkle 树根哈希值的变化。这进一步增强了区块链的不可篡改性，因为要修改一个区块中的某个交易，攻击者需要改变整个区块体，进而影响到 Merkle 树根哈希值。

Nonce：挖矿过程中的 Nonce 是一个 32 位的随机数，它通过不断尝试找到符合条件的哈希值。由于 Nonce 的引入，挖矿变得具有随机性，攻击者难以事先预测正确的 Nonce 值。修改区块中的任何信息都会影响到挖矿的结果，因此 Nonce 的存在增强了区块链的不可篡改性。

时间戳和难度目标值：时间戳和难度目标值是用于确保区块产生的时间间隔和难度的机制。通过这两者的协同作用，区块链可以维持一个相对稳定的产生速度。任何尝试篡改时间戳或调整难度目标值的行为都会受到其他节点的拒绝，确保了区块链的稳定性和一致性。

总体而言，区块链的不可篡改性建立在其设计的多个关键要素之上。这些要素相互作用，确保了一旦区块被添加到链上，它就变得非常难以修改。这种不可篡改性是区块链的核心特性之一，为区块链在数字货币、智能合约和其他应用领域的安全性提供了坚实的基础。

（六）区块的产生过程

了解区块的组成要素之后，我们可以深入了解区块的产生过程。区块的产生是通过挖矿过程完成的，而挖矿过程中的关键步骤涉及到了区块头中的 Nonce 值的确定。

交易收集：首先，网络中的节点收集一定数量的交易，这些交易将被存储在新的区块中。这些交易可以包括数字货币的转账、智能合约的执行、数字资产的创建等。

Merkle 树构建：将收集到的交易构建成 Merkle 树。通过对交易逐层进行哈希计算得到 Merkle 树，最终得到一个根哈希值，这个值将被包含在区块头中。

挖矿：挖矿是通过不断尝试不同的 Nonce 值来寻找符合条件的哈希值的过程。矿工开始通过尝试不同的 Nonce 值，将其与区块头和区块体的内容一起进行哈希计算。由于哈希函数的性质，任意修改区块头或区块体中的任何信息都将导致哈希值的变化。

难度目标值验证：每个区块都有一个预设的难度目标值，矿工的目标是找到一个 Nonce 值，使得通过哈希计算得到的哈希值小于设定的难度目标值。这个过程需要尝试不同的 Nonce 值，直到找到一个符合条件的哈希值。

区块生成：一旦找到符合条件的哈希值，矿工将该 Nonce 值和相应的哈希值添加到区块头中，形成一个完整的区块。这个区块包含了交易信息、Merkle 树根哈希值、时间戳、难度目标值等。该区块被广播到整个网络，其他节点验证其有效性后，将其添加到各自的区块链上。

链式连接：新生成的区块通过哈希值与前一区块连接在一起，形成了区块链的连续性。这个连接过程确保了整个区块链的一致性，任何对区块的修改都将导致后续区块的哈希值变化，从而被网络拒绝。

这个整个过程是一个竞争性的过程，因为网络中可能有多个矿工同时尝试找到符合条件的哈希值。因此，挖矿过程涉及到对哈希值空间的不断搜索，需要耗费大量的计算资源。成功找到符合条件的哈希值的矿工将获得一定数量的奖励，这是对其工作和计算资源的回报。

二、交易在区块链中的表示

在区块链技术的领域中，交易是系统的核心组成部分之一。区块链作为一种分布式账本技术，通过去中心化、不可篡改的特性，为交易提供了高度的安全性和透明度。以下将深入探讨在区块链中的交易机制与实现，包括交易结构、数字签名、智能合约等方面，以及不同区块链平台对交易的处理方式。

（一）交易的基本结构

在区块链上，交易是指参与者之间的价值传递或信息交换。每笔交易都有其特定的结构，以确保在整个网络中的一致性和有效性。一般而言，一个基本的交易结构包括以下几个要素。

1. 交易标识符

每笔交易都有唯一的标识符，以便在整个区块链网络中追踪和验证。

2. 交易输入

交易输入包含了交易的来源，通常包括上一笔交易的输出及解锁脚本（ScriptSig），以证明该交易的合法性。

3. 交易输出

交易输出定义了交易的去向，包括接收方的地址、金额，以及锁定脚本（ScriptPubKey），用于验证未来的交易输入是否合法。

4. 数字签名

为了确保交易的真实性和安全性，每个交易都需要被创建者使用私钥生成数字签名。这个签名会与公钥一起被验证，以确认交易的合法性。

（二）数字签名的作用

数字签名是区块链中确保交易安全性的关键机制之一。通过使用非对称加密算法，交易发起者可以使用自己的私钥生成数字签名，并将其

附加到交易中。这个数字签名可以被其他参与者使用相应的公钥进行验证，从而确认交易的真实性和合法性。

1. 防篡改

数字签名的存在可以防止交易被篡改。一旦交易内容发生变化，数字签名也会失效，因此，即使有人试图修改交易信息，也能够被系统轻松地检测到。

2. 身份验证

数字签名还用于验证交易发起者的身份。只有拥有相应私钥的人才能够生成有效的数字签名，这确保了在区块链上进行的交易都是由合法的参与者发起的。

（三）智能合约与交易逻辑

在某些区块链平台上，智能合约是一种能够执行特定逻辑的自动化脚本。智能合约可以被视为一种包含在交易中的代码，它会在满足特定条件时自动执行。

1. 合约代码

智能合约的代码定义了在交易中执行的具体逻辑。这些代码通常基于图灵完备的编程语言，如 Solidity（以太坊智能合约语言）。

2. 条件触发

智能合约的执行通常是由特定条件触发的。这些条件可以是时间触发、数据状态变化触发等。当条件满足时，智能合约会自动执行其中定义的代码。

（四）区块链平台的差异

不同的区块链平台可能采用不同的方式来处理交易。以比特币和以太坊为例，它们在交易结构和实现上有一些显著的差异。

1. 比特币交易

比特币交易相对简单，主要包括输入、输出和数字签名。比特币的交易脚本使用基于堆栈的脚本语言，以实现更复杂的逻辑。

2. 以太坊交易

以太坊引入了智能合约的概念，使得交易可以包含更为复杂的逻辑。以太坊交易结构中除了输入、输出和数字签名外，还包括了用于执行智能合约的数据和（Gas 执行所需的费用）。

（五）交易的确认与共识机制

在区块链中，交易的确认是通过共识机制来实现的。不同的区块链平台采用不同的共识算法，如工作量证明、权益证明，以确保交易的一致性和安全性。

1. 共识机制的作用

共识机制确保了整个网络对于交易的一致性认可。只有通过共识机制的验证，交易才会被确认并写入区块链。

2. 交易的确认时间

不同的共识机制可能导致交易的确认时间不同。例如，比特币的工作量证明机制需要较长的确认时间，而一些采用权益证明的区块链平台可能具有更快的确认速度。

在区块链中，交易的表示和实现是整个系统的核心。通过数字签名、智能合约及不同的共识机制，区块链技术为交易提供了高度安全性和去中心化的特性。了解交易在区块链中的表示和实现有助于更深入地理解区块链技术的运作方式。

随着区块链技术的不断发展，不同的区块链平台之间存在一些差异，这主要体现在交易结构、智能合约实现和共识机制上。比特币作为最早的区块链应用之一，其简单而有效的交易结构奠定了区块链的基础。而以太坊引入智能合约概念的操作则使得区块链的应用领域更加广泛。

智能合约的存在使得交易不仅是简单的价值传递，还可以包含更为复杂的逻辑，从而在区块链上实现更多样化的应用，如去中心化金融（DeFi）、非同质化代币（NFT）等。

数字签名的使用保障了交易的真实性和安全性。通过非对称加密算法，数字签名确保了交易发起者的身份验证，同时防止了交易内容被篡

改。这为区块链上的价值传递提供了强大的安全保障。

共识机制是确保交易一致性的关键。不同的共识机制可能导致交易确认时间的差异，也影响到整个区块链系统的性能。选择适合特定应用场景的共识机制对于区块链的发展至关重要。

总体而言，区块链中的交易表示和实现是一个综合性的问题，涉及加密学、分布式系统、智能合约等多个领域的知识。随着技术的进步和应用场景的拓展，我们可以期待区块链技术在未来发展中的不断创新，为各行业带来更多可能性。通过深入研究交易在区块链中的表示和实现，我们能够更好地理解其工作原理，为未来区块链技术的应用和发展奠定更为坚实的基础。

三、区块链的数据存储方式

（一）概述

区块链作为一种分布式账本技术，其核心特征之一是去中心化的数据存储。在传统的中心化数据库中，数据通常由中心服务器集中管理，而区块链通过分布在网络中的节点共同维护数据，确保了去中心化、不可篡改的特性。以下将深入探讨区块链的数据存储方式，包括分布式账本、区块结构、默克尔树，以及不同共识算法对数据存储的影响等方面。

（二）区块链的分布式账本

1. 分布式账本的概念

区块链的分布式账本是由一系列块组成的链式结构，每个块包含了在一定时间范围内发生的一批交易。整个账本被复制存储在网络中的每个节点上，每个节点都有权参与验证和记录新的交易。

2. 区块链的基本结构

每个区块包含了一些元信息，如时间戳、前一区块的哈希值、交易数据等。这些区块按照时间顺序连接在一起，形成了一个不可篡改的链式结构。

（三）区块的数据存储方式

1. 交易数据

区块链中的交易数据是存储在每个区块中的关键信息。这些交易数据包括了交易的发起方、接收方、金额及其他相关信息。交易数据的存储形式通常使用 JSON、二进制等格式，具体取决于区块链平台的设计。

2. 默克尔树

为了确保交易数据的一致性和有效性，区块链中广泛使用默克尔树。默克尔树将大量的交易数据进行哈希运算，将哈希值逐层汇总，最终形成一个根哈希值。这个根哈希值被存储在区块头中，作为区块的唯一标识。

3. 区块头

区块头是区块中的元信息部分，包括了前一区块的哈希值、时间戳、随机数（用于工作量证明算法）等。区块头的存储方式可以是二进制、十六进制等形式，取决于具体实现。

（四）共识算法与数据存储

1. 工作量证明

在工作量证明共识算法中，矿工需要通过解决一个复杂的数学难题来获得创建新区块的权利。这个过程称为挖矿，矿工通过计算得到的随机数，找到一个满足一定条件的哈希值，从而创建新的区块。工作量证明对数据存储的要求相对较高，因为每个新的区块都需要包含大量的计算结果。

2. 权益证明

权益证明共识算法中，新区块的创建权不再取决于矿工能否解决数学难题，而是根据持有的加密货币数量（权益）来确定。这种算法相对于工作量证明更为节能，因为不需要进行大量的计算。数据存储方面，权益证明也需要存储交易数据，但相对于工作量证明而言，数据量较小。

3. 共识算法的影响

不同的共识算法对数据存储有不同的影响。例如，工作量证明算法

可能导致更频繁的区块创建，从而增加数据存储的需求。而权益证明算法通常会降低频率，减小数据存储压力。因此，在选择共识算法时，需要考虑到数据存储方面的因素。

（五）区块链的数据存储优势

1. 去中心化

区块链的去中心化特性意味着数据存储在整个网络的多个节点上，而不是集中在一个中心服务器上。这确保了数据的分布式存储，提高了系统的抗攻击性和可靠性。

2. 不可篡改性

由于区块链中的每个区块都包含了前一区块的哈希值，一旦数据被记录在区块链上，就很难被篡改。任何尝试修改数据的行为都会导致链上后续所有区块的哈希值变化，从而被轻松检测到。

3. 透明度

区块链中的数据是公开可查的，任何参与者都可以查看整个交易历史。这种透明度有助于建立信任，特别是在金融领域和供应链管理等需要高度透明度的场景。

（六）数据存储的挑战与未来发展

1. 存储容量

随着区块链应用的不断增加，存储容量成为一个挑战。大规模的区块链数据存储需要庞大的硬盘空间，这对于参与网络的节点来说可能是一项昂贵的资源。未来的发展需要解决如何更有效地利用存储资源，以及如何优化区块链的数据存储结构的问题。

2. 数据隐私与保护

在区块链上存储的数据是公开的，这在某些场景下可能涉及到隐私的问题。尽管区块链上的交易是匿名的，但仍然可能通过数据分析等手段追踪到特定用户的交易行为。未来的发展需要在保持透明度的同时，更好地保护用户的隐私。

3. 扩展性

一些区块链平台在面临高并发交易时可能出现扩展性问题，导致交易确认时间变长。未来的发展需要研究和实施更有效的扩展性解决方案，以确保区块链系统在大规模使用时能够保持较高性能。

4. 存储优化技术

随着技术的发展，可能会涌现出更先进的数据存储和检索技术，以提高区块链的效率。例如，采用压缩算法、分布式存储技术等手段，可以减小存储空间的需求，提升数据的读写速度。

5. 生态系统互操作性

不同区块链平台之间的互操作性问题也需要解决。未来可能会出现更多的跨链技术，使得不同区块链生态系统能够更好地协同工作，共享数据和资源。

区块链的数据存储方式是其去中心化、不可篡改等特性的基础之一。分布式账本、区块结构、默克尔树等技术构成了区块链数据存储的主要框架。不同的共识算法对数据存储有不同的影响，而区块链的去中心化、不可篡改性和透明度等特性使其在数据存储方面具有独特的优势。

然而，区块链数据存储也面临着一些挑战，包括存储容量、数据隐私与保护、扩展性等方面。未来的发展需要通过技术创新和系统优化来解决这些问题，以推动区块链技术更广泛、更深入地应用于各个领域。随着区块链技术的不断成熟和应用场景的拓展，我们可以期待更多关于数据存储的创新和改进，为区块链技术在未来的发展中注入新的活力。

第三节　区块链的分布式网络

一、分布式网络的优势与挑战

（一）概述

分布式网络是一种将计算、存储和管理权力分散到网络中多个节点

的体系结构。相比于传统的集中式网络，分布式网络由于具备去中心化的方式而具有了许多优势，但同时也面临一系列挑战。以下将深入研究分布式网络的优势和挑战，探讨其对技术、社会和经济等方面的影响。

（二）分布式网络的优势

1. 去中心化

分布式网络的最显著优势之一是去中心化。传统的中心化网络由单一的服务器或权威机构管理和控制，而分布式网络通过将权力分散到网络中的多个节点，消除了单点故障，并提高了系统整体的韧性和可靠性。

2. 抗审查性

分布式网络提供了更高的抗审查性。由于信息存储在多个节点上，任何试图进行审查或封锁的尝试都会变得更加困难。这对于维护信息自由流动、避免网络封锁和保护言论自由等方面具有重要意义。

3. 高可用性

由于分布式网络中的数据和服务分布在多个节点上，系统在面对节点故障或网络问题时能够保持高可用性。即使某个节点发生故障，其他节点仍然可以提供服务，确保了系统的持续运行。

4. 安全性增强

分布式网络通过加密和分布式存储等手段提高了数据的安全性。数据分散存储在不同的节点上，降低了单一节点被攻击的风险。此外，分布式网络中的去中心化身份验证和加密技术有助于防范网络攻击和数据泄露。

5. 自治性

分布式网络通常具有更高的自治性。每个节点在网络中都是平等的，没有单一的控制机构。这使得分布式网络更加民主化，各个节点能够参与网络的决策和管理，避免了单一权威对整个系统的垄断。

（三）分布式网络的挑战

1. 数据一致性

在分布式网络中，由于数据存储在多个节点上，确保数据的一致性变得更加复杂。节点之间的通信延迟、网络拥塞等问题可能导致数据不一致，需要采用一致性算法来解决。这涉及权衡一致性、可用性和分区容忍性的 CAP 理论。

2. 网络安全

尽管分布式网络通过去中心化和加密提高了安全性，但仍然面临各种网络安全挑战。例如，51%攻击、零日漏洞、拒绝服务攻击等威胁都可能对分布式网络造成影响。网络安全需要持续的技术创新和防御机制的建立。

3. 性能和扩展性

分布式网络在性能和扩展性方面也存在挑战。由于数据的存储和处理分散在多个节点上，节点之间的通信和协调可能引入一定的延迟。而随着网络规模的增加，如何保持系统的高性能和良好的扩展性是需要仔细考虑的问题。

4. 能源效率

一些分布式网络，特别是使用工作量证明（PoW）共识算法的区块链网络，面临着能源效率低的问题。挖矿过程需要消耗大量计算能力，对环境造成了一定的压力。因此，设计更为能源高效的共识算法成为一个重要的研究方向。

5. 法律和监管挑战

分布式网络可能面临来自不同国家的法律和监管的挑战。由于去中心化的特性，一些法律和监管机构难以对分布式网络进行有效的管理和监督。这可能导致一些合规性和法律问题的出现。

（四）分布式网络的实际应用

1. 区块链技术

区块链是分布式网络的一个典型应用，通过去中心化、共识算法和

加密技术，实现了可信的分布式账本。区块链技术在金融、供应链管理、智能合约等领域都有广泛的应用。

2. 文件存储与共享

分布式网络可以用于构建去中心化的文件存储和共享系统。通过将文件分散存储在网络中的多个节点上，可以提高文件的安全性和可用性。

3. 云计算

云计算中的分布式系统使得计算资源能够弹性扩展，满足用户需求。分布式计算能力的灵活性和高可用性是云计算系统的重要特点。

4. 物联网

物联网设备通过分布式网络进行连接和通信，实现设备之间的协同工作。分布式网络在物联网中可以提供更好的可扩展性、韧性和安全性，支持大规模设备间的连接和数据交换。

5. 去中心化应用

去中心化应用（DApps）是建立在分布式网络上的应用程序，通常利用区块链技术实现智能合约。这些应用不依赖于单一的中心服务器，用户可以通过分布式网络直接参与应用的运行和管理。

（五）未来发展与应对策略

1. 区块链 2.0 和区块链 3.0

随着区块链技术的发展，人们开始探索区块链 2.0 和区块链 3.0 的概念。区块链 2.0 强调智能合约和去中心化应用的发展，而区块链 3.0 则致力于解决区块链 2.0 中的性能、扩展性和互操作性等问题。这些发展方向有望进一步推动分布式网络在各个领域的应用。

2. 共识算法的创新

为解决分布式网络中的一致性和性能问题，未来可能会涌现出更先进的共识算法。权益证明、权益抵押、共识图谱等新型算法的出现有望提高系统的性能、降低系统的能耗，并更好地适应不同应用场景。

3. 隐私保护技术

为解决分布式网络中的隐私问题，未来可能会发展出更为先进的隐私保护技术。零知识证明、同态加密等技术的进步有望在保护用户隐私的同时，保持系统的高效运行。

4. 法律法规的适应性

随着分布式网络的不断发展，相关的法律法规也需要不断更改。各国政府和国际组织需要制定合适的法规框架，以平衡创新和监管，保护用户权益，并维护社会秩序。

5. 社会接受度的提高

分布式网络的成功应用还需要提高社会对其的接受度。教育和宣传活动有助于公众更好地理解分布式网络的优势，并消除一些误解和担忧。

分布式网络作为一种新兴的网络架构，具有许多优势，如去中心化、抗审查性、高可用性、安全性增强和自治性。然而，它也面临一系列挑战，包括数据一致性、网络安全、性能和扩展性、能源效率、法律法规等方面的问题。尽管如此，分布式网络已经在区块链技术、云计算、物联网等领域取得了显著的应用成果。

未来，随着技术的不断创新和社会对分布式网络的逐渐理解，分布式网络将在各个领域持续发挥重要作用。解决当前面临的挑战，提高数据一致性、网络安全性、性能和扩展性，以及推动法律法规的适应性，都是未来发展的重要方向。分布式网络将成为构建去中心化、安全、高效和可信的未来网络的关键基石。

二、节点之间的通信与同步机制

（一）概述

在分布式系统中，节点之间的通信与同步机制是确保整个系统协同工作的基础。分布式系统通过将计算、存储和管理分散到多个节点上，实现了高可用性、去中心化和强大的扩展性。以下将深入探讨节点之间

的通信与同步机制，包括通信模型、消息传递、一致性协议等方面的内容。

（二）通信模型

1. 点对点通信

点对点通信是最简单直接的通信模型，其中两个节点之间建立直接的通信链接。这种通信方式效率高，适用于小规模系统。然而，在大规模分布式系统中，点对点通信模型可能面临网络拓扑的动态变化、节点故障的影响等问题。

2. 发布–订阅模型

发布–订阅模型允许节点订阅感兴趣的事件或消息，并在事件发生时接收通知。这种模型适用于多对多的通信场景，例如，分布式系统中的日志记录、状态更新等。发布–订阅模型提高了系统的灵活性，但也增加了消息传递的复杂性。

3. 请求–响应模型

请求–响应模型是常见的客户端–服务器通信模型。一个节点发送请求，另一个节点接收并响应请求。这种模型简单直观，适用于许多应用场景，如 Web 服务。然而，在大规模系统中，可能面临请求的堆积、响应时间的延迟等问题。

4. 群体通信模型

群体通信模型允许节点组织成群体，通过群体间的通信实现信息交流。这种模型适用于分布式系统中的协同工作，如共享资源、执行分布式计算等。然而，群体通信模型需要处理群体成员的变化、通信拓扑的动态调整等问题。

（三）消息传递

1. 直接消息传递

直接消息传递是最简单的形式，一个节点直接将消息发送给另一个节点。这种方式适用于点对点通信模型，但在大规模系统中可能导致通信瓶颈。

2. 队列消息传递

队列消息传递通过引入消息队列来实现异步通信。发送节点将消息放入队列，接收节点从队列中获取消息。这种方式提高了系统的松耦合性，允许异步处理，但可能引入消息的延迟。

3. 发布–订阅消息传递

在发布–订阅模型中，发布者向所有订阅者广播消息。这种方式适用于多对多的通信场景，但需要处理订阅关系的管理和消息的过滤。

4. 远程过程调用（Remote Procedure Call，RPC）

RPC 允许一个节点调用另一个节点上的过程或方法，就像本地调用一样。这种方式适用于请求–响应模型，但需要解决网络延迟、失败重试等问题。

（四）一致性与同步机制

1. 一致性协议

在分布式系统中，保持数据一致性是至关重要的。一致性协议，如 Paxos、Raft 等，通过在节点之间达成一致的决策，确保系统在面对节点故障、网络分区等情况时仍能保持一致性。

2. 时钟同步

时钟同步是分布式系统中的关键问题之一。节点之间的时钟差异可能导致事件的顺序错误，影响系统的正确性。NTP（网络时间协议）等技术被用于实现节点之间的时钟同步，以确保事件发生的先后顺序一致。

3. 事务处理

在分布式系统中，事务处理是保障数据一致性和可靠性的关键机制。分布式事务处理涉及到事务的提交、回滚、分布式锁等问题，需要一致性协议的支持。

4. 异步与同步

在节点之间的通信中，同步和异步是两种常见的通信方式。同步通信要求发送节点等待接收节点的响应，而异步通信允许发送节点继续执

行其他任务。根据具体应用的需求，权衡系统的性能和一致性，选择合适的通信方式。

（五）容错机制

1. 检测与恢复

分布式系统需要具备容错机制，能够检测到节点故障并采取相应的恢复措施。心跳检测、节点监控等技术被广泛应用于检测节点的健康状态，恢复机制可以包括节点切换、数据复制等手段。

2. 冗余与备份

为保障系统的高可用性，节点之间的通信与同步机制需要引入冗余和备份机制。数据冗余可以通过在多个节点上复制数据来实现，备份则是在节点故障时能够迅速切换到备用节点，确保系统的连续性运行。

3. 容错共识算法

一些容错共识算法被设计用于在分布式系统中处理节点故障。例如，Paxos 算法和 Raft 算法都能够确保在节点失效时，系统依然能够就某个值达成一致，防止系统陷入不一致的状态。

4. 容错与性能的权衡

容错机制往往与系统性能之间存在权衡关系。强大的容错机制可能会引入额外的开销，例如，消息传递和数据冗余，从而降低系统的性能。在设计分布式系统时，需要根据具体应用场景的需求，平衡容错和性能的关系。

（六）安全性考虑

1. 加密与身份验证

节点之间的通信需要采用安全的通信协议，确保数据的机密性和完整性。加密技术用于保护通信过程中的数据安全，而身份验证机制则用于验证节点的身份，防止恶意节点的入侵。

2. 防范攻击

分布式系统面临各种网络攻击，例如，拒绝服务攻击、分布式拒绝服务攻击等。安全机制需要包括防火墙、入侵检测系统、网络隔离等手段，以有效应对各种攻击。

3. 权限管理

在分布式系统中，权限管理是确保节点之间通信和同步的另一个重要方面。合理的权限管理可以防止未经授权的节点访问系统资源，保障系统的安全性。

4. 安全审计

安全审计是通过监控和记录节点之间通信的方式，对系统的安全性进行评估和验证。审计机制有助于及时发现潜在的安全问题，加强对系统的安全监控。

（七）实际应用

1. 区块链网络

在区块链网络中，节点之间的通信与同步机制是保障整个网络运行的关键。通过共识算法、区块同步机制等，确保所有节点对区块链上的交易和状态达成一致。

2. 云计算

云计算中的分布式系统依赖节点之间的通信与同步来实现资源的动态分配和任务的调度。节点之间需要及时传递状态信息，确保整个云计算系统的高效运行。

3. 物联网

在物联网中，各种设备作为节点相互通信，共同完成任务。节点之间的通信与同步机制需要适应不同类型的设备和网络状况，确保设备协同工作的顺畅。

4. 大规模分布式数据库

大规模分布式数据库通过节点之间的通信与同步来实现数据的分布式存储和查询。数据一致性和高可用性是这类系统在通信机制设计时的重要考虑因素。

（八）未来发展与挑战

1. 新型通信协议

随着分布式系统的不断发展，可能会涌现出更高效、更安全的通信协议。新型通信协议需要适应快速变化的网络环境，提高通信的效率和可靠性。

2. 异构网络支持

未来的分布式系统可能面临更为复杂的网络环境，包括各种异构网络的融合。通信与同步机制需要更好地适应不同类型、不同规模的网络，以支持更广泛的应用场景。

3. 边缘计算的兴起

边缘计算将计算和存储资源推向网络边缘，使得节点之间的通信更为分散和复杂。未来的发展需要更灵活、更高效的通信与同步机制，以适应边缘计算的兴起。

4. 隐私保护技术

随着对隐私的关注不断增加，未来的分布式系统需要更强大的隐私保护技术。加密、去中心化身份验证等手段将成为保障用户隐私的关键。

节点之间的通信与同步机制是分布式系统设计的核心问题，直接影响着系统的性能、可靠性和安全性。通过合理选择通信模型、消息传递方式、一致性协议等手段，可以构建出更为稳健和高效的分布式系统。未来的发展需要通过新技术的引入、通信协议的创新等方式，不断提升节点之间通信与同步的水平，以适应不断演进的应用场景。随着分布式系统在各个领域的广泛应用，对节点之间通信与同步机制的深入研究将成为推动整个领域发展的关键因素。

三、区块链网络的拓扑结构

（一）概述

区块链作为一种去中心化的分布式账本技术，其网络拓扑结构对于整个系统的性能、安全性和韧性至关重要。以下将深入探讨区块链网络的拓扑结构，包括中心化、去中心化和混合型结构的特点，以及各自的优势和挑战。

（二）中心化拓扑结构

中心化拓扑结构是最传统的网络结构，其中所有节点都连接到单一的中心节点。这种结构简单直观，易于管理，但同时也存在单点故障和单点攻击的风险。在中心化拓扑结构中，中心节点承担着整个系统的控制和管理任务，如果中心节点发生故障或受到攻击，整个系统可能面临瘫痪的风险。

1. 优势

简单管理：中心化结构下，所有节点都直接连接到中心节点，管理和控制相对简单。

快速决策：由于所有决策都在中心节点进行，系统能够更迅速地做出决策和调整。

2. 挑战

单点故障：中心节点的故障会导致整个系统的崩溃，可用性低。

安全性风险：中心节点成为攻击目标，一旦被攻破，整个系统的安全性就会受到威胁。

（三）去中心化拓扑结构

去中心化拓扑结构是区块链网络中最为显著的特征之一。在去中心化结构中，网络中的节点相互连接，没有单一的中心节点。这种结构使得系统更加鲁棒，能够抵抗节点故障和恶意攻击，从而构建了一个去中心化的信任体系。

1. 优势

抗单点故障：由于没有单一的中心节点，系统更加鲁棒，不容易因为某个节点的故障而导致整个系统的瘫痪。

去中心化信任：通过共识算法，去中心化结构建立了一种去中心化

的信任体系，消除了对中心权威的依赖。

分布式权力：去中心化结构下，权力分散到各个节点，不存在单一的控制点，每个节点都有平等的地位。

2. 挑战

性能问题：在去中心化结构下，由于需要节点之间的广播和共识机制，可能面临一些性能上的挑战，例如，交易确认时间较长。

协调问题：去中心化结构需要通过共识算法来协调各个节点的行为，可能引入一些协调成本和延迟。

（四）混合型拓扑结构

混合型拓扑结构是中心化和去中心化的结合，取两者之间的平衡。在混合型结构中，通常会存在一些核心节点或者中心化的管理结构，但同时也允许其他节点以去中心化的方式加入网络。

1. 优势

灵活性：混合型结构能够在中心化和去中心化之间寻找平衡，根据具体需求调整网络结构。

管理简单：一些关键的管理任务可以由中心化结构负责，降低了管理的复杂性。

2. 挑战

单点故障：系统中的关键节点发生故障，仍将使系统停止工作，需要谨慎设计和管理。

信任问题：部分去中心化的节点可能不被其他节点信任，引发信任和安全性的问题。

（五）区块链网络拓扑结构的实际应用

1. 中心化拓扑结构的应用

在一些私有区块链网络中，中心化结构可能被用于确保高效的网络管理和快速的决策。这种结构适用于一些特定场景，如企业内部的区块链应用，对网络的控制需要更为集中。

2. 去中心化拓扑结构的应用

公有区块链网络如比特币和以太坊采用了典型的去中心化拓扑结构。这样的结构确保了公有链的去中心化信任，任何人都可以加入并参与共识，从而构建了全球性的分布式信任体系。

3. 混合型拓扑结构的应用

一些联盟链或企业级区块链网络采用混合型拓扑结构。例如，一些核心的验证节点由组织内的中心化机构管理，而其他节点可以通过共识算法去中心化加入。这种结构在维持一定程度的管理控制的同时，允许更多的节点参与共识机制，增强了整个网络的去中心化特性。

4. 实际应用场景

金融行业：在金融领域，一些企业可能倾向于使用混合型拓扑结构的区块链网络。核心的金融机构可以担任验证节点，确保系统的稳定性，而其他机构可以通过共识机制参与，提高整体的去中心化程度。

供应链管理：区块链在供应链管理中有广泛的应用，而拓扑结构的选择取决于参与者之间的信任关系。核心供应商可能担任中心节点，其他参与者通过共识加入网络，确保供应链的透明度和可追溯性。

医疗保健：在医疗保健领域，涉及患者、医生、保险公司等多方参与者。采用混合型拓扑结构，核心医疗机构可以负责数据管理和验证，而其他参与者通过去中心化的方式加入，保障患者隐私的同时实现数据的共享。

（六）拓扑结构对区块链性能的影响

1. 性能评估指标

在评估拓扑结构对区块链性能的影响时，需要考虑以下指标。

延迟：数据传输和共识机制引入的延迟是一个重要指标，尤其在需要快速确认交易的场景中。

可扩展性：区块链网络应具备良好的可扩展性，以适应不断增长的节点数量和交易流量。

吞吐量：区块链网络的吞吐量与其处理交易的能力密切相关，影响

着系统的效率。

能耗：区块链网络的能耗直接关系到其可持续性和环境友好性。

2. 中心化结构的性能

中心化结构通常能够提供较低的延迟和较高的吞吐量，但随着节点数量的增加，其可扩展性逐渐受限。此外，中心化结构的性能容易受到单点故障的影响。

3. 去中心化结构的性能

去中心化结构能够提供更大的抗故障性和去中心化信任，但由于需要广播和共识机制，其延迟可能较高，吞吐量较低。去中心化结构在维持系统稳定性的同时，牺牲了一些性能。

4. 混合型结构的性能

混合型结构在某种程度上取得了中心化和去中心化结构的平衡。核心节点提供较低延迟和较高吞吐量，而通过共识机制加入的节点提高了系统的去中心化程度。然而，系统的性能仍受到核心节点的限制。

（七）未来发展与趋势

1. 新型共识算法

未来的发展可能涌现出更高效、更安全的共识算法，以提高去中心化结构的性能。权益证明（PoS）、权益赌注（DPoS）等新型算法可能成为改善性能的关键。

2. 区块链互操作性

随着区块链应用场景的不断扩大，区块链互操作性将成为一个重要的趋势。不同区块链网络之间的连接需要更灵活的拓扑结构，以实现更高效的数据交换和共识。

3. 隐私保护技术

隐私保护技术将在未来得到更多关注。采用零知识证明、同态加密等技术，可以在保护用户隐私的同时，提高区块链网络的性能。

4. 边缘计算与区块链融合

边缘计算和区块链的融合将成为一个重要的发展方向。在边缘计算环境下，更灵活的区块链拓扑结构是实现边缘智能合约和数据隐私保护的关键。

区块链网络的拓扑结构是构建去中心化信任体系的核心要素。不同的拓扑结构具有各自的优势和挑战，根据应用场景和系统设计的目标选择合适的结构。中心化结构提供了简单管理和快速决策，但容易受到单点故障和攻击的威胁。去中心化结构通过建立信任体系提高了系统的韧性，但可能面临性能问题。混合型结构在平衡中心化和去中心化之间，提供了一种灵活的选择。

第四节　区块链的智能合约

一、智能合约的定义与特点

（一）概述

随着区块链技术的崛起，智能合约成为了其核心概念之一。智能合约是一种能够在区块链上自动执行的计算机程序，它通过预定规则和条件，在特定的条件下触发、执行或终止合约。以下将深入探讨智能合约的定义、特点，以及在不同领域的应用。

（二）智能合约的定义

智能合约是由计算机程序编写的、存储在区块链上的自动执行合约。它基于区块链技术，通过去中心化的执行方式，消除了传统合约需要中介机构的需求。智能合约通常以一种特定的编程语言编写，被部署到区块链上，并由网络中的节点执行。

1. 历史背景

智能合约的概念最早由计算机科学家尼克·萨博于 1994 年提出。他

设想了一种能够在合同中自动执行条款的系统，并在 2004 年正式提出了“智能合约”这一术语。然而，直到区块链技术兴起，智能合约才真正找到了实现的平台。

2. 技术基础

智能合约的实现依赖于区块链的去中心化和分布式账本技术。在区块链上，智能合约的代码和状态被存储在区块中，每个节点都能够验证和执行合约。区块链的不可篡改性确保了合约的安全性和透明性。

（三）智能合约的特点

1. 自动执行

智能合约能够在满足预定的条件时自动执行，无需人为干预。这降低了交易的复杂性和执行的成本，提高了合约的执行效率。

2. 去中心化

智能合约在区块链上运行，无需中介机构的介入。这使得合约的执行更加去中心化、透明，减少了对信任的依赖。

3. 不可篡改性

智能合约的代码和执行结果都被记录在区块链上，具有不可篡改的特性。这意味着一旦部署，合约的规则将无法修改，确保了合约的可信度。

4. 透明性

所有参与区块链网络的节点都可以查看智能合约的代码和执行状态。这种透明性使得合约的执行过程对所有参与者可见，增强了信任。

5. 硬编码法律逻辑

智能合约中的法律逻辑以代码的形式硬编码在合约中。这样的硬编码法律逻辑使得合约执行更加规范，避免了对法律解释的不确定性。

6. 无需信任

智能合约通过区块链技术实现去中心化的执行，消除了对中介机构的信任需求。参与者可以直接依赖合约的代码和区块链的规则。

7. 无需第三方

传统合约可能需要第三方机构的介入来确保执行的可靠性。而智能合约通过去中心化的方式，无需第三方机构参与，降低了合约的成本和复杂性。

（四）智能合约的应用领域

1. 金融服务

智能合约在金融领域有广泛的应用。它可以用于自动执行支付、合约结算、贷款合同等金融交易，提高了交易的效率，降低了操作风险。

2. 供应链管理

在供应链领域，智能合约能够跟踪商品的生产、运输和交付，自动执行支付和结算，提高了供应链的透明度和效率。

3. 物联网

智能合约与物联网技术结合，可以实现设备之间的自动化协作。例如，智能合约可以在设备之间自动执行能源交易、设备管理等任务。

4. 不动产和知识产权

在房地产和知识产权领域，智能合约可以用于自动执行产权转让、租赁合同等交易，提高了交易的透明度和可靠性。

5. 社交媒体

智能合约可以用于社交媒体平台上的内容付费、广告合作等场景。它提供了一种去中心化的方式，确保了内容创作者和广告商的权益。

（五）智能合约的局限性与挑战

1. 安全性

智能合约的代码一旦部署后是不可修改的，因此任何漏洞或错误都可能导致严重的安全问题。历史上发生过多起智能合约漏洞被利用的案例，因此确保智能合约的安全性成为一个重要的挑战。

2. 可扩展性

一些区块链平台上的智能合约执行可能面临可扩展性的问题，尤其是在高交易负载的情况下。寻找有效的扩展解决方案仍然是一个亟待解决的问题。

3. 法律与监管

智能合约的法律地位尚未充分确立和监管框架尚未充分建立，这使得智能合约的实际应用受到法律不确定性的制约。智能合约执行可能与传统法律存在冲突，需要更多的法律和监管支持。

4. 价格波动

智能合约通常涉及加密货币的交易，而加密货币市场的价格波动较大。这可能导致在执行合约时存在不确定性和风险。

（六）未来发展与趋势

1. 安全性提升

随着对智能合约安全性的认识不断提高，未来将见证更多的增强安全性的措施的引入，包括更加严格的代码审查、智能合约漏洞扫描工具的发展等。

2. 多链互操作

为了解决可扩展性问题，未来可能会见证更多多链互操作解决方案的提出，使不同区块链平台上的智能合约能够更灵活地协同工作。

3. 法律框架的建立

随着区块链技术的逐渐成熟，各国将建立更加完善的法律框架，以确保智能合约的合法性和合规性。这将为智能合约的广泛应用创造更为稳定的法律环境。

4. 增加隐私保护

考虑到隐私保护的重要性，未来的智能合约可能会引入更多的隐私保护技术，确保合约中涉及的信息得到更好的保护。

智能合约作为区块链技术的重要应用之一，具有自动执行、去中心化、不可篡改、透明等独特的特点。它在金融、供应链管理、物联网、不动产和知识产权等领域有着广泛的应用前景。然而，智能合约在安全性、可扩展性、法律框架等方面仍然面临一些挑战和限制。未来，随着技术的不断发展和法律框架的完善，智能合约将得到更广泛的应用，并成为推动区块链技术发展的重要驱动力之一。

二、智能合约的编写与执行

（一）概述

智能合约是一种基于区块链技术的自动执行合约，它通过预定规则和条件，在特定的条件下自动执行、触发和终止合约。以下将深入探讨智能合约的编写与执行过程，涵盖智能合约的编程语言、开发环境、执行过程中的关键步骤，以及一些实际应用案例。

（二）智能合约编写

1. 编程语言

智能合约的编写通常需要使用特定的编程语言，不同的区块链平台支持不同的智能合约编程语言。以下是一些常见的智能合约编程语言。

Solidity：主要用于以太坊平台的智能合约编写，是一种类似于 JavaScript 的语法的高级语言。

Vyper：也是以太坊的一种智能合约语言，它相对于 Solidity 更注重简洁性和安全性。

Rust、C++、Go：一些区块链平台如 NEAR Protocol、Polkadot 支持使用更传统的编程语言编写智能合约。

Move：由 Libra 区块链提供，专门用于编写在 Libra 上运行的智能合约。

2. 开发环境

在编写智能合约之前，开发者需要搭建相应的开发环境。以下是一般智能合约开发的基本步骤。

第一，安装区块链节点软件：开发者需要在本地或远程环境中安装相应区块链的节点软件，例如，以太坊节点、NEAR 节点等。

第二，选择集成开发环境（IDE）：使用 IDE 如 Remix、Truffle Suite、Visual Studio Code 等来编写、测试和部署智能合约。

第三，连接到测试网络：在开发环境中连接到测试网络，例如，Ropsten、Rinkeby 等，以便进行合约测试。

（三）智能合约的基本结构

智能合约通常由一些基本的结构组成，这些结构包括以下几部分。

合约声明：包含合约的基本信息，如合约名称、作者、版本等。

状态变量：用于存储智能合约的状态信息，这些变量的值会随着合约的执行而发生变化。

函数：描述合约可以执行的功能，包括对状态变量的修改、事件触发等。

事件：用于在智能合约中记录特定的状态变化，方便外部应用监听并做出相应的响应。

（四）智能合约的执行过程

1. 编译

在部署智能合约之前，合约代码需要被编译成字节码，以便区块链节点能够读取和执行。编译过程会生成一个包含合约字节码的二进制文件。

2. 部署

智能合约的部署是指将合约部署到区块链上，使其能够被其他参与者调用和执行。部署过程中，会生成合约的地址，并将合约的字节码存储在区块链上。

3. 交互与调用

一旦智能合约成功部署，其他用户或智能合约可以通过调用合约的函数与之进行交互。这些调用将触发智能合约内相应的逻辑。

4. 执行

智能合约的执行是指合约内部代码的运行过程。当合约被调用时，其中的函数将按照预定的规则执行，可能会修改合约的状态或触发相应的事件。

5. 事务确认

合约执行的结果会被包含在一个事务中，该事务会被广播到整个区块链网络。其他节点会验证并确认该事务，确保智能合约的执行是有效的。

（五）实际应用案例

1. 去中心化金融

去中心化金融（DeFi）是智能合约技术的一个热门应用领域，通过智能合约实现了无需中介的金融服务，包括借贷、交易、流动性提供等。以 Compound、Aave 等为代表的 DeFi 项目大量采用智能合约来自动化各种金融操作。

2. 去中心化身份验证

智能合约可以用于构建去中心化身份验证系统，确保用户身份的安全和隐私。这种应用场景可以在数字身份、区块链投票等领域找到实际应用。

3. 物联网

智能合约与物联网（IoT）技术结合，可以实现设备之间的自动化协作。例如，智能合约可以用于自动执行设备之间的能源交易、设备管理等任务。

4. 数字艺术品所有权

智能合约在数字艺术品领域，智能合约可以用于创建不可替代的代币，以确保数字资产的唯一性和所有权。通过智能合约，艺术家可以定义数字艺术品的所有权规则和分红机制，同时艺术品的交易历史和真实性也能被永久记录在区块链上。

5. 供应链管理

在供应链领域，智能合约可以用于优化整个供应链流程。通过智能合约，参与者可以透明地追溯产品的生产、运输、仓储等环节，智能合约通过自动执行支付和结算，提高了供应链的透明度和效率。

（六）智能合约的执行与安全性

1. 执行逻辑

智能合约的执行逻辑主要包括以下几点。

输入参数处理：智能合约接收外部调用传入的参数，这些参数决定了合约内部的具体执行逻辑。

状态变更：合约执行可能会导致状态变更，即修改合约内部的状态变量。

事件触发：在特定的条件下，合约可能触发事件，这些事件可以被外部监听和响应。

输出结果：合约的执行结果将被封装为交易，并广播到区块链网络上。

2. 安全性考虑

智能合约的编写和执行中需要考虑以下安全性问题。

逻辑漏洞：编写智能合约时，需要仔细审查逻辑，防止可能的漏洞和攻击。

重入攻击：智能合约在执行时可能被其他合约或地址调用，重入攻击是一种利用合约调用的漏洞获取非法利益的攻击手段，需要采取相应的防范措施。

溢出和下溢：在处理数字时，智能合约应该防范溢出和下溢的情况，确保数值计算的准确性。

可重入函数：避免在合约中使用可重入函数，以防止重入攻击。

合约升级和迁移：考虑到智能合约的不可变性，合约的升级和迁移需要谨慎处理，以避免安全隐患。

（七）智能合约的未来发展

1. 标准化

未来，可能会看到更多的智能合约标准的制定，以促进不同平台上智能合约的互操作性。目前已经存在的 ERC-20、ERC-721 等标准是一步向前的尝试，未来可能会涌现更多的标准。

2. 智能合约的生态系统

随着区块链技术的不断发展，智能合约的生态系统也将得到进一步的完善。将创建更多的开发工具、框架和库，以简化智能合约的编写和部署过程。

3. 隐私保护

隐私保护将成为未来智能合约发展的一个重要方向。采用零知识证明、同态加密等技术，可以在保护用户隐私的同时，提高智能合约的安全性。

4. 跨链技术

为了实现更广泛的应用场景，未来智能合约可能会更加注重跨链技术的发展，以实现不同区块链网络之间的互联互通。

智能合约作为区块链技术的关键应用之一，通过自动执行合约规则，去除了传统合约中的中介机构，提高了合约执行的效率和透明度。本节深入探讨了智能合约的编写与执行过程，包括编程语言、开发环境、执行逻辑等方面。通过实际应用案例，展示了智能合约在金融、身份验证、物联网等领域的广泛应用。随着技术的不断发展，智能合约有望在未来成为推动区块链技术发展的重要引擎之一。

第二章

区块链的安全性与隐私保护

第一节　区块链的安全威胁

一、双花攻击与区块链安全

（一）概述

随着区块链技术的发展，其应用领域不断扩大，包括数字货币、智能合约、去中心化金融等。然而，随之而来的是对区块链安全性的挑战。其中，双花攻击是一种关键的安全威胁，可能导致数字货币系统的破坏。以下将深入探讨双花攻击的定义、原理、影响及防范措施，以增进对区块链安全性的理解。

（二）双花攻击的定义

双花攻击是指攻击者通过在区块链网络中花费同一笔数字资产两次（或多次），从而达到欺骗系统的目的。在传统的货币系统中，由于交易的不可逆性，一旦完成支付，资金就不再属于付款方。然而，在区块链系统中，攻击者可能试图通过一系列手段使系统相信他们拥有足够的资产，然后将这些资产用于多次支付，从而欺骗系统和其他参与者。

（三）双花攻击的原理

1. 区块链的工作机制

在了解双花攻击的原理之前，首先需要了解区块链的基本工作机制。区块链是一个分布式的、不可篡改的账本，由一系列区块组成，每个区块包含一批交易记录。这些区块通过加密技术链接在一起，形成一个链。

在区块链中，交易通过网络广播给所有的节点。这些节点使用共识算法来验证交易的合法性，并将其打包成一个区块。一旦区块被创建，它就会被加入到链中，成为不可篡改的一部分。这确保了交易的不可逆性，即一旦被确认，就无法撤销。

2. 双花攻击的过程

双花攻击的实质是攻击者试图在系统中引入两个相互冲突的交易，使得系统难以确认哪笔交易是有效的。攻击者通常采取以下步骤。

第一，发起一笔交易：攻击者向目标地址发送一笔数字货币，同时将相同的货币发送到自己的另一个地址。

第二，确认交易：攻击者等待第一笔交易被区块链网络确认，即包含在一个区块中并添加到区块链上。

第三，发布另一笔交易：攻击者使用相同的货币再次发起一笔交易，但这次发送到另一个地址，这样就形成了两笔相互冲突的交易。

第四，竞争确认：攻击者希望他们发起的第二笔交易能够在区块链网络中先被确认，从而取代第一笔交易，实现双花攻击。

3. 双花攻击的挑战

双花攻击的主要挑战在于攻击者需要掌握足够的计算能力和网络优势，以在区块链网络中快速传播并确认其第二笔交易。这通常需要攻击者拥有超过一般的网络算力，以便在共识算法中获得优势。

（四）双花攻击的影响

双花攻击对区块链系统的影响可能是毁灭性的，特别是在数字货币

系统中。以下是双花攻击可能引起的一些重要影响。

1. 信任破裂

一旦发生双花攻击，系统参与者对于交易的不可逆性和信任性的基本假设将被破坏。这可能导致用户失去对数字货币系统的信任，对系统的使用产生负面影响。

2. 经济损失

双花攻击可以导致数字货币系统中的经济损失。受害者可能会因为接受了无效的支付而遭受财务损失，尤其是在攻击发生后无法撤销交易的情况下。

3. 生态系统破坏

数字货币系统的生态系统可能因为用户失去信任而受到破坏。商家、交易所和其他参与者可能因为担心双花攻击而放慢或停止使用数字货币。

（五）防范双花攻击的措施

为了有效防范双花攻击，区块链系统和数字货币系统采取了一系列安全措施，具体如下。

1. 确认机制

大多数区块链系统采用确认机制来确保交易的有效性。在比特币等系统中，一笔交易通常需要经过一定数量的区块确认，这增加了攻击者成功发起双花攻击的难度。

2. 共识算法

改进共识算法是防范双花攻击的另一个关键措施。一些区块链系统使用具有强大安全性的共识算法，如工作量证明或权益证明。这些算法通过要求节点提供计算能力或经济抵押，来确保节点不会滥用其权力。

3. 双重支付检测

系统可以实施双重支付检测机制，通过监测交易历史和地址资产的余额，检测是否存在重复的支付行为。这有助于系统在发现异常交易时及时采取措施。

4. 零确认交易限制

为了降低双花攻击的风险，一些系统对零确认交易进行了限制。零确认交易是指尚未被区块链网络确认的交易。通过限制零确认交易的使用，系统可以提高对双花攻击的抵抗力，尽管这可能会影响一些实时交易的便利性。

5. 网络分布

维护一个强大的分布式网络对于防范双花攻击至关重要。如果攻击者无法掌握网络的多数算力，成功实施双花攻击的可能性较低。因此，吸引更多的节点参与网络，并确保去中心化程度，是一个重要的防御手段。

6. 防御措施的演进

随着区块链技术的发展，防范双花攻击的措施也在不断演进。新的共识算法、交易确认机制，以及智能合约的设计都在一定程度上增强了系统对双花攻击的抵抗力。

（六）实际案例分析

1. 比特币网络

比特币是区块链技术的先驱，也是第一个面临双花攻击威胁的数字货币。比特币网络通过采用工作量证明共识算法和区块确认机制，有效地防范了双花攻击。

在比特币网络中，一笔交易通常需要经过一定数量的区块确认，以确保交易的不可逆性。推荐的确认数量通常是六个区块，尽管一些商家或服务提供商可能会要求更多的确认。

2. 以太坊网络

以太坊是另一个广泛使用区块链技术的平台，它支持智能合约和去中心化应用。由于以太坊的设计目标与比特币不同，双花攻击的防范需要考虑智能合约的特殊性。

在以太坊网络中，智能合约的执行需要消耗一定的燃气，这提供了

一种对抗双花攻击的方式。攻击者需要支付额外的燃气费用来执行双花攻击，这增加了攻击的成本，使得双花攻击变得更加困难。

双花攻击是区块链系统面临的一项严峻的安全挑战，尤其是对于数字货币系统。攻击者试图通过欺骗系统实现同一笔资产的多次支付，这可能导致系统的信任破裂、经济损失和整个生态系统的破坏。

为了有效防范双花攻击，区块链系统采用了一系列安全措施，包括确认机制、共识算法、双重支付检测、零确认交易限制等。这些措施在一定程度上提高了系统对双花攻击的抵抗力。实际案例分析表明，先进的共识算法和设计理念有助于提高系统的安全性。

随着区块链技术的不断演进，我们可以期待更加先进和全面的安全防护机制的出现，以确保区块链系统在面临日益复杂的威胁时能够保持稳健和安全。

二、智能合约漏洞与攻击手法

（一）概述

智能合约作为区块链技术的重要组成部分，赋予了去中心化应用（DApps）自动执行的能力。然而，智能合约本身也存在潜在的漏洞，可能被攻击者利用，导致严重的安全问题。以下将深入探讨智能合约漏洞的种类、攻击手法及防范措施，以加深对智能合约安全性的认识。

（二）智能合约漏洞的种类

1. 重入攻击

重入攻击是智能合约中最为典型的漏洞之一。这种攻击利用了智能合约中的函数调用机制，攻击者通过在调用外部合约的过程中再次调用自身合约，从而绕过状态变量的更新，造成不当的资金流动。

具体而言，如果智能合约 A 在调用其他合约 B 的过程中，合约 B 又调用了合约 A，攻击者可以在合约 B 调用合约 A 的过程中不断重复调用，实现对合约 A 资金的重复提取。

2. 溢出与下溢攻击

溢出与下溢攻击涉及智能合约中对数值的处理。如果在智能合约中使用了不当的算术运算，可能导致整数溢出或下溢。攻击者可以通过构造特定的输入，使合约的数值变量溢出或下溢，从而获得不当的利益。

例如，如果一个合约在进行余额减法操作时没有进行足够的检查，攻击者可以通过向合约发送一个极大的数值，导致溢出，使余额变为负数，从而实现非法提取资金。

3. 时间依赖性攻击

时间依赖性攻击利用了区块链中的区块时间戳，并通过合约中的条件语句来实现攻击目标。攻击者可以选择在某个时间窗口内执行攻击，以绕过合约中的时间相关的条件。

例如，一个合约可能在某个时间窗口内提供特殊的优惠条件，攻击者通过在这个时间窗口内执行攻击，绕过正常条件，获得不当的权益或资金。

4. 权限漏洞

智能合约通常包含了权限控制机制，以确保只有授权的用户或合约可以执行关键操作。权限漏洞可能导致未授权的用户或合约执行敏感操作，破坏系统的安全性。

例如，如果一个智能合约没有正确验证调用者的身份，攻击者可能冒充其他账户的身份执行关键操作，造成不良影响。

5. 随机性攻击

某些智能合约可能包含了涉及随机性的功能，例如，使用区块哈希值来生成随机数。攻击者可能试图通过选择适当的区块，控制随机数的生成，以在自己的利益上获得优势。

（三）智能合约攻击手法

1. 恶意合约部署

攻击者可能部署一个看似正常但实际上包含漏洞的恶意合约。这种

合约可能会利用重入攻击、溢出攻击等漏洞，对其他智能合约或用户发起攻击。这种手法强调了合约的审计和部署阶段的安全性。

2. 交易前运算

攻击者可能在执行攻击前对智能合约进行一些计算，以确定在特定条件下攻击将具有最大利益。这可能包括对数值范围、条件语句、随机性等的仔细分析。

3. 交易顺序依赖性攻击

攻击者可能试图根据先前的区块信息来影响智能合约的行为，尤其是在智能合约的状态依赖于多个连续区块的情况下。通过巧妙安排交易顺序，攻击者可能获得不当的利益。

（四）防范智能合约漏洞的措施

1. 仔细审计

在部署智能合约之前，进行仔细的代码审计是至关重要的。审计过程应该由经验丰富的智能合约开发者或安全专家进行，以确保合约中没有潜在的漏洞。

2. 使用安全合约模板

使用已经经过安全审计的合约模板是一种有效的防范措施。社区中存在许多被广泛接受且经过审计的合约模板，可以帮助开发者规避一些常见的漏洞。

3. 最小化权限

在合约设计中，最小化权限是一项关键原则。只赋予合约执行所需操作的最小权限，避免不必要的风险。

4. 安全编程实践

输入验证和溢出检查：对于所有的用户输入和外部调用，进行充分的验证和溢出检查是至关重要的。确保输入数据的合法性，防范溢出和下溢漏洞。

避免使用固定的随机数：对于智能合约中需要使用随机数的场景，避免使用固定的种子或不安全的随机数生成方式。考虑使用链上的随机性源，如区块哈希值，以增加安全性。

最小化交互次数：减少合约之间的交互次数，尽量将合约设计为独立且自包含的单元。这有助于减小攻击面和提高系统的安全性。

多方审计：进行多方审计是一种有效的手段，通过不同团队的审查，可以更全面地发现潜在的漏洞和问题。

5. 使用安全开发框架

采用专门为智能合约开发设计的安全开发框架，这些框架通常包含了一些安全性的最佳实践和防范措施，有助于开发者更容易地编写安全的智能合约代码。

6. 区块链社区参与

积极参与区块链社区，分享经验、学习他人的实践经验，获取反馈。区块链社区通常会定期举办安全研讨会、会议，这是获取最新安全信息和建议的好机会。

7. 智能合约审计

在合约部署之前，进行专业的智能合约审计是一种重要的实践。雇佣专业的安全审计公司或独立的安全研究人员，他们可以深入分析合约代码，发现潜在的漏洞和风险。

智能合约的漏洞和攻击手法对区块链系统的安全性构成了严重威胁。通过深入了解智能合约漏洞的种类和攻击手法，并采取相应的防范措施，可以大大提高智能合约的安全性。

在智能合约的开发过程中，安全性应该被置于首要位置。仔细审计、使用安全合约模板、遵循最小化权限原则、采用安全开发框架等措施，都有助于减少漏洞的产生。此外，多方审计和社区参与也是加强安全性的有效途径。

尽管智能合约安全性是一个不断演进的领域，但通过共同努力，可以不断提高智能合约的鲁棒性，为区块链系统的健康发展提供可靠的基础。

第二节　面向安全的区块链设计

一、安全的共识机制选择

共识机制是区块链领域中的关键概念之一，它确保网络中的所有节点在事务处理方面达成一致。在区块链的发展过程中，不同的共识机制应运而生，如工作量证明、权益证明、权益证明+权益抵押、容量证明等。然而，选择适当的共识机制对于确保区块链网络的安全性和稳定性至关重要。以下将探讨安全的共识机制选择，分析不同机制的优缺点，并提出在特定场景下的最佳选择。

（一）概述

共识机制是区块链网络中确保一致性和安全性的关键组成部分。它决定了网络中各节点如何达成一致，以及如何验证和添加新的区块。在选择共识机制时，需要考虑网络的规模、性能要求、能源消耗、去中心化程度等因素。

（二）常见的共识机制

1. 工作量证明

PoW 是比特币最早采用的共识机制，它通过解决数学难题来验证交易，并且需要大量的计算能力。这确保了诚实节点更有机会生成新区块。然而，PoW 存在能源浪费和性能瓶颈的问题。

2. 权益证明

PoS 是另一种常见的共识机制，它根据节点持有的加密货币数量来决定谁有权生成新区块。这减少了对能源的需求，但可能导致富者更富的问题。

3. 权益抵押证明

DPoS 引入了代表节点，这些节点由社区选举产生。这些代表节点负责验证交易和生成新区块，提高了网络的性能。然而，DPoS 的去中心化程度较低，可能容易受到少数节点的控制。

4. 容量证明

PoC 通过证明节点拥有足够的存储空间来参与区块生成。这降低了对计算能力的需求，但可能受到硬件成本的影响。

（三）共识机制选择的考虑因素

在选择适当的共识机制时，需要考虑以下因素。

1. 安全性

共识机制的首要任务是确保网络的安全性。通过评估不同机制对于双花攻击、51%攻击等的抵抗能力，选择能够提供高度安全性的机制。

2. 去中心化程度

区块链的核心理念之一是去中心化。选择共识机制时，需要评估其对去中心化程度的影响，确保网络不容易受到少数节点的控制。

3. 性能和扩展性

网络性能和扩展性是选择共识机制时的关键考虑因素。机制应能够处理大量的交易，并在网络规模扩大时保持高效。

4. 能源效率

能源效率是全球范围内关注的热点问题。选择共识机制时，需要考虑其对能源的需求，以确保在保持安全性的同时降低能源消耗。

5. 社区参与度

一个强大的社区支持是区块链项目成功的关键。选择共识机制时，需要考虑社区的参与度，确保共识机制能够获得足够的支持和信任。

（四）不同场景下的最佳选择

1. 全球支付系统

对于全球支付系统，安全性和高性能是首要考虑因素。在这种情况

下，PoW 和 PoS 是较好的选择，因为它们在安全性和性能方面都有较好的表现。

2. 物联网

物联网场景下，需要考虑到大量设备的参与，因此去中心化程度和性能是关键。DPoS 可能是一个合适的选择，因为它能够提供较高的性能并减少了节点数量。

3. 能源敏感型应用

在对能源敏感型应用中，需要选择能源效率较高的共识机制。PoS 和 PoC 可能是更好的选择，因为它们相对于 PoW 具有更低的能源消耗。

在选择共识机制时，需要综合考虑安全性、去中心化程度、性能、能源效率和社区参与度等因素。不同的场景可能需要不同的共识机制，因此在实际应用中，要根据具体需求选择最合适的机制。共识机制的选择直接影响着区块链系统的稳定性和发展前景，因此在设计阶段就需要深入分析和权衡各种因素，确保选择的机制能够满足特定场景的需求，以提高整个区块链系统的可持续性和适应性。

二、智能合约安全最佳实践

（一）概述

智能合约是区块链技术的关键组成部分，它们是自动执行的合约代码，通常运行在区块链上。由于智能合约的不可篡改性和去中心化特性，安全性成为关注的焦点。以下将讨论智能合约安全的最佳实践，以确保合约的稳定性、可靠性和抗攻击性。

（二）智能合约安全风险

在深入探讨最佳实践之前，有必要了解智能合约可能面临的安全风险。一些常见的风险如下。

1. 漏洞和缺陷

智能合约中可能存在编程错误、逻辑漏洞和安全缺陷，这可能导致合约的异常行为或受到攻击。

2. 重入攻击

重入攻击是一种攻击模式，攻击者在合约执行过程中多次调用自己的合约，从而绕过一些限制，实现不正当的利益。

3. 溢出和下溢

由于整数溢出或下溢，合约可能导致意外的结果，甚至可能被攻击者利用。

4. 合约隐私问题

一些合约可能在执行过程中泄露敏感信息，这可能对用户的隐私构成威胁。

5. 智能合约升级问题

合约的升级和更新可能存在风险，如果不谨慎，可能导致合约不稳定或无法预测的行为。

（三）智能合约安全最佳实践

1. 审计和代码审查

在部署智能合约之前，进行全面的审计和代码审查是至关重要的。雇佣专业的审计公司或安全专家，仔细检查合约代码，寻找潜在的漏洞和安全问题。这可以帮助发现并修复在合约执行过程中可能出现的问题。

2. 限制对外部合约的调用

在合约中调用外部合约时，务必仔细验证合约的安全性。使用接口认证和确认外部调用的结果，以防止可能的攻击。

3. 安全的编程实践

采用安全的编程实践是防止漏洞和缺陷的关键。避免使用过时的编程语言，使用已验证的库，避免硬编码密码和私钥等敏感信息。

4. 使用多重签名

在关键的资金操作中使用多重签名可以提高合约的安全性。这意味

着需要多个私钥的确认才能执行某些关键的操作，防止单点故障。

5. 防范重入攻击

使用互斥锁和将状态更改放在函数的最后是防范重入攻击的有效方法。确保在调用外部合约之前先更新内部状态，以防止攻击者在同一调用中多次调用合约。

6. 安全的随机数生成

在智能合约中使用安全的随机数是至关重要的。由于区块链是公开透明的，普通的随机数生成方法可能受到攻击。因此，使用基于区块链的随机数生成方案是更安全的选择。

7. 合约升级和迭代

在设计智能合约时，考虑合约的升级和迭代是重要的。确保合约具有升级的机制，同时提供一种可以无缝过渡的方式，以防止不必要的中断。

8. 灾难恢复和紧急停机

制定合适的紧急停机和灾难恢复计划，以便在发生紧急情况时能够及时采取行动，保护用户的资金和合约的安全。

9. 安全的合约设计

设计合约时应该遵循最小化权限原则，只赋予合约所需的最小权限。这有助于减小潜在的攻击面，降低合约受到攻击的可能性。

（四）实践案例分析：以太坊智能合约

以太坊是最广泛使用智能合约的区块链平台之一。以下是一些以太坊智能合约的安全实践：

1. 去中心化自治组织攻击教训

去中心化自治组织（DAO）是以太坊的一个早期的智能合约项目，但它在 2016 年遭受了一次重大的攻击。攻击者通过利用合约中的漏洞，成功地窃取了大量资金。这一事件强调了审计和代码审查的重要性。

2. ERC－20 标准

ERC－20 是以太坊上用于代币的智能合约标准之一。该标准定义了代币合约应满足的接口规范，包括转账、余额查询等功能。许多代币项目选择采用 ERC-20 标准，因为它提供了一种通用的、可互操作的方式来创建和管理代币。在使用 ERC-20 标准时，项目团队需要仔细遵循标准规范，同时进行全面的安全审计，以确保合约的安全性和稳定性。

3. 智能合约安全工具

以太坊生态系统中涌现了许多智能合约安全工具，帮助开发者检测和修复潜在的漏洞。例如，MythX 和 Securify 可以用于对合约进行静态和动态分析，以发现可能的安全问题。使用这些工具可以帮助项目团队及时识别并解决潜在的安全风险。

（五）未来趋势与挑战

1. 隐私保护

随着区块链技术的发展，越来越多的关注被放在了智能合约的隐私保护上。当前，智能合约的执行是完全透明的，这可能导致用户的敏感信息泄漏。未来的趋势可能包括采用零知识证明等隐私保护技术，以确保合约的执行结果不可被外部观察。

2. 智能合约标准化

为了提高智能合约的互操作性和安全性，未来可能会看到更多的为智能合约标准化而做出的努力。标准化可以简化合约的开发和审计过程，并使不同平台上的合约更容易迁移和共享。

3. 智能合约安全治理

随着区块链生态系统的不断发展，智能合约的安全治理也变得愈发重要。社区和项目团队需要建立有效的治理机制，以及时响应和解决发现的安全问题。这可能包括社区的投票机制、漏洞奖励计划等。

4. 跨链智能合约安全

随着跨链技术的成熟，智能合约可以在不同的区块链网络上执行。这引入了新的安全挑战，包括跨链攻击和跨链通信的安全性。未来的发展需要解决这些挑战，以确保跨链智能合约的安全性。

智能合约是区块链技术的重要组成部分，它们为去中心化应用提供

了执行的基础。然而，智能合约的安全性是确保系统稳定和用户信任的关键因素。通过采用审计和代码审查、限制对外部合约的调用、使用多重签名等最佳实践，可以有效降低合约受到攻击的风险。

在不断发展的区块链领域，智能合约的安全性需要持续关注和改进。未来，随着隐私保护、标准化、安全治理和跨链技术的进一步发展，智能合约的安全性将面临新的挑战和机遇。只有通过共同努力，采取切实可行的措施，才能确保智能合约在不断演进的区块链生态中发挥最大的潜力。

三、区块链网络拓扑的安全考虑

随着区块链技术的迅速发展，区块链网络的拓扑结构在构建安全、高效、可扩展的网络方面变得至关重要。拓扑结构影响着区块链网络的性能、去中心化程度和安全性。以下将深入探讨区块链网络拓扑的安全考虑，包括各种拓扑结构的特点、安全风险及相应的防御措施。

（一）区块链网络拓扑结构

区块链网络的拓扑结构涉及节点之间的连接方式和组织结构。不同的拓扑结构对于网络的性能和安全性产生不同的影响。以下是几种常见的区块链网络拓扑结构。

1. 全连接网络

在全连接网络中，每个节点都直接连接到其他节点，形成紧密的网络。这种结构具有高度的去中心化特性，但可能导致高延迟和低吞吐量。

2. 星形网络

星形网络中，所有节点都连接到一个中心节点。这种结构简单易管理，但中心节点成为单点故障的潜在风险。

3. 随机拓扑网络

在随机拓扑网络中，节点的连接是随机的，没有明确的结构。这提高了网络的抗攻击性，但也可能导致不稳定的性能。

4. 蜂窝网络

蜂窝网络模仿蜂巢结构，将节点分组并形成六边形的蜂窝。这可以提高网络的容错性和性能。

5. 层次化网络

层次化网络将节点分为不同层次，每个层次之间有特定的连接方式。这提高了网络的可扩展性和性能。

（二）安全考虑

1. 分布式拒绝服务攻击

DDoS 攻击是一种常见的网络攻击，旨在通过超载目标系统来使其无法正常工作。在区块链网络中，DDoS 攻击可能导致节点无法正常通信，影响整个网络的运行。具体的防御措施如下。

多路径路由：使用多路径路由技术可以减轻 DDoS 攻击对网络的影响，因为攻击者难以同时攻击所有路径。

入口流量过滤：部署入口流量过滤设备，识别和过滤恶意流量，从而减轻 DDoS 攻击造成的影响。

2. 中心化节点风险

中心化节点是指网络中某些节点的影响力比其他节点更大。如果攻击者能够攻破或者控制这些中心节点，可能对整个网络产生重大影响。具体的防御措施如下。

去中心化设计：选择合适的拓扑结构，如全连接网络或层次化网络，以降低中心化节点对整个网络的影响。

多节点备份：将关键节点的功能分散到多个节点上，并确保这些节点具有相同的权限，以减轻单点故障的风险。

3. 双重支付攻击

双重支付是指同一笔数字资产被发送给多个不同的接收者，这可能导致资产的不一致性。在区块链网络中，双重支付是一项重要的安全考虑因素。具体的防御措施如下。

一致性算法：使用强大的共识算法，如 PoW 或 PoS，以确保网络中

的所有节点在双重支付问题上达成一致。

确认机制：引入多次确认机制，等待交易在区块链中被确认多次，可以减少双重支付的风险。

4. 网络分区攻击

网络分区攻击是指网络被分割成两个或多个独立的部分，导致这些部分之间无法正常通信。这可能导致不同分区中的节点对同一笔交易产生不一致的认知。具体的防御措施如下。

拓扑多样性：选择多样性的拓扑结构，以减轻网络分区攻击的影响。

容错性设计：使用具有容错性的共识算法和拓扑结构，确保网络在面对部分节点失效时仍能正常运行。

5. 恶意节点攻击

恶意节点是指故意执行对网络有害的操作的节点。这可能包括双重支付、拒绝服务攻击或其他形式的恶意行为。具体的防御措施如下。

身份验证机制：引入有效的身份验证机制，确保只有经过验证的节点可以加入网络。

声誉系统：建立一个声誉系统，对节点的行为进行评估，并剔除具有恶意行为的节点。

6. 拓扑隐私攻击

拓扑隐私攻击是一种通过分析和识别区块链网络中节点之间的连接模式来揭示网络拓扑结构的攻击。这可能导致攻击者更容易定位关键节点并执行有针对性的攻击。具体的防御措施如下。

匿名性保护：引入匿名性保护机制，确保节点的身份信息不易被泄露。使用隐私币或混币技术可以增强用户在网络中的匿名性。

加密通信：使用端到端加密来保护节点之间的通信，降低拓扑隐私攻击的可能性。确保网络中的数据传输是加密的，防止攻击者截取和分析通信。

（三）拓扑结构选择与安全平衡

在选择区块链网络拓扑结构时，需要在去中心化、性能和安全性之间取得平衡。不同的应用场景可能需要不同的拓扑结构。以下是一些指导原则。

去中心化需求：如果项目的主要目标是实现高度去中心化，全连接网络或者去中心化设计的层次化网络可能是更好的选择。这可以减少单一点的故障风险，并提高整个网络的抗攻击性。

性能需求：对于需要高性能和低延迟的应用，如金融交易或大规模数据传输，可能需要考虑采用更集中化但性能更强大的拓扑结构，例如，星形网络或者蜂窝网络。

安全性需求：安全性是区块链网络设计中至关重要的方面。选择拓扑结构时需综合考虑各种安全威胁，并采取相应的防御措施。同时，考虑到区块链技术的不断发展，需要保持灵活性，以便在面临新的安全挑战时能够迅速适应和升级。

（四）未来发展趋势

随着区块链技术的不断发展，区块链网络拓扑结构的研究也在不断演进。未来可能出现以下趋势。

混合拓扑结构：针对不同的应用场景，可能会采用混合拓扑结构，即结合全连接、星形、蜂窝等结构，以兼顾不同需求。

自适应拓扑结构：引入智能算法和自适应机制，使得区块链网络能够根据实际运行情况动态调整拓扑结构，提高网络的适应性和安全性。

跨链技术：随着跨链技术的成熟，可能会出现更复杂的跨链拓扑结构，以实现不同区块链之间的互联互通。

隐私保护：针对拓扑隐私攻击的威胁，可能会有更多的研究和创新，引入更强大的隐私保护机制。

区块链网络的拓扑结构直接影响了其性能、去中心化程度和安全性。在设计和选择拓扑结构时，需要全面考虑各种因素，包括应用场景、性能需求和安全性需求。通过合理的拓扑结构选择和相应的安全措施，可以提高区块链网络的稳定性、可靠性和抗攻击能力。随着区块链技术的不断发展，将有更多的研究和创新，以进一步提升区块链网络的安全性。

第三节 隐私保护技术在区块链中的应用

一、零知识证明与隐私保护

随着数字化时代的到来，隐私保护成为信息社会中一个愈发重要的议题。在区块链和加密学领域，零知识证明技术逐渐成为保护用户隐私的强大工具。以下将深入讨论零知识证明的基本原理、应用领域，以及它对隐私保护的作用。

（一）零知识证明的基本原理

零知识证明是一种强大的密码学工具，允许一个实体证明它知道某个信息，而无需透露这个信息的任何细节。在零知识证明中，证明者可以证明某个陈述为真，而验证者只获得陈述的真实性，而不知道任何有关陈述的具体信息。

零知识证明的基本原理可以通过著名的“阿莫斯三人游戏”来解释。在这个游戏中，阿莫斯（证明者）想要证明给巴伦（验证者）他知道某个秘密。为了保护这个秘密，阿莫斯通过一系列交互式的步骤向巴伦证明，而巴伦只能确认阿莫斯确实知道这个秘密，却无法获取秘密的实际内容。

零知识证明有几个以下关键特征。

1. 完备性

如果陈述是真实的，那么证明者可以通过零知识证明说服验证者。这意味着合法的声明总是可以被证明。

2. 可靠性

如果陈述是错误的，那么无论证明者如何尝试，都不能够欺骗验证者。这保证了证明者无法伪造虚假的证明。

3. 零知识性

验证者在完成验证后，陈述的真实性得到了确认，但对于陈述的具体信息却一无所知。这种特性保障了用户的隐私。

（二）零知识证明的应用领域

1. 区块链与加密货币

在区块链领域，零知识证明的应用非常广泛，主要体现在隐私保护和身份验证上。

隐私保护：零知识证明可用于保护交易的隐私。例如，Zcash（一种基于零知识证明的加密货币）允许用户进行私密交易，确保交易的输入、输出和金额对外不可见。

身份验证：使用零知识证明，用户可以在不透露实际身份信息的情况下证明自己的身份。这在身份验证、访问控制等方面有重要应用。

2. 数据隐私

在数据隐私保护方面，零知识证明可以用于验证某些数据的真实性，而无需泄露具体数据内容。这对于医疗保健、金融行业等对数据隐私要求较高的领域具有重要意义。

3. 密码学协议

零知识证明在构建安全的密码学协议中发挥关键作用。例如，在身份认证协议中，零知识证明可以用于证明用户拥有某个密码，而无需明文传输密码。

4. 区块链智能合约

智能合约中的执行通常需要证明某些条件是否成立。零知识证明可以用于确保合约的执行，同时保护参与者的隐私。

（三）零知识证明与隐私保护

零知识证明在隐私保护方面具有显著优势，具体如下。

1. 隐私保护

零知识证明技术能够确保参与者在进行交易或验证身份时不泄露具

体信息，这保护了个人隐私。通过将零知识证明引入区块链交易中，参与者可以证明他们拥有某些信息，而无需公开这些信息的具体内容，从而实现了隐私保护。

2. 数据控制

零知识证明使得个体能够更好地控制自己的数据。在数据隐私领域，用户可以使用零知识证明向第三方证明一些特定的信息，而无需共享整个数据集，有效地降低了数据泄露的风险。

3. 去中心化身份验证

零知识证明可用于去中心化身份验证系统，用户可以在不披露身份信息的情况下证明他们满足某些条件。这在数字身份管理和身份验证方面有着潜在的革命性影响，使得用户能够更好地掌控自己的身份信息。

4. 匿名性保护

零知识证明技术对于匿名性的保护也是十分有效的。通过在交易中使用零知识证明，用户可以确保他们的身份在整个交易过程中保持匿名，从而避免了潜在的追踪和监视。

（四）零知识证明的挑战与未来发展

1. 计算开销

零知识证明的计算开销较高，特别是在某些复杂的零知识证明系统中。这可能导致在一些资源受限的环境中，零知识证明的使用受到一定的限制。未来的发展需要提高零知识证明的效率和性能。

2. 标准化和普及

零知识证明的标准化是一项重要的挑战。目前，不同的零知识证明系统可能存在互操作性问题。在未来，需要制定统一的标准以促进零知识证明技术的广泛应用。

3. 法律与伦理问题

随着零知识证明技术的应用拓展，相关的法律和伦理问题也应该引起关注。例如，在金融行业中，如何平衡合规性和隐私保护是一个需要认真考虑的问题。

4. 社会接受度

尽管零知识证明技术在保护隐私方面有着显著优势，但其被社会大众所接受仍然需要时间。用户对于新技术的理解和接受度是决定其应用范围的关键因素。

零知识证明作为一种强大的密码学工具，在隐私保护领域发挥着重要的作用。通过允许证明者在不泄露具体信息的情况下证明某些陈述的真实性，零知识证明技术为个体隐私提供了强大的保护机制。在区块链、加密货币、数据隐私等应用领域，零知识证明正逐渐改变着信息社会的隐私保护格局。然而，随着技术的发展，还需要应对计算开销、标准化、法律伦理问题，以及社会接受度等方面的挑战。通过不断的研究和创新，零知识证明技术有望在未来更广泛地应用于各个领域，为用户提供更强大、更可控的隐私保护机制。

二、同态加密与数据隐私

在信息时代，数据的安全性和隐私保护成为了至关重要的议题。随着技术的发展，同态加密作为一种先进的加密技术，为数据处理提供了新的思路。以下将深入讨论同态加密的基本原理、应用领域，以及它在数据隐私保护方面的作用。

（一）同态加密的基本原理

同态加密是一种特殊的加密技术，其独特之处在于，对加密后的数据进行加密运算，所得到的结果解密后与直接对原始数据进行运算得到的结果是相同的。这使得在加密状态下进行计算成为可能，而无需解密数据。同态加密可以分为三种主要类型：全同态加密、部分同态加密和同态签名。

1. 全同态加密

全同态加密允许对加密后的数据进行任何加法和乘法运算，而不破坏加密。即，对于两个密文 c_1 和 c_2，当解密后，得到明文 m_1 和 m_2 时，

对应的密文 $c_1 \oplus c_2$（异或运算）和 $c_1 c_2$（乘法运算）解密后，得到的结果是 $m_1 + m_2$ 和 $m_1 m_2$。

2. 部分同态加密

部分同态加密允许对加密后的数据进行某一类运算，通常是加法或者乘法，但不同时支持加法和乘法。这在实际应用中已经足够满足许多需求。

3. 同态签名

同态签名允许对签名进行运算，而不破坏签名的有效性。这在一些需要对签名进行聚合或者其他运算的场景中非常有用。

（二）同态加密的应用领域

1. 云计算

同态加密为云计算提供了更高层次的数据隐私保护。在传统的云计算中，用户的数据通常需要在本地解密后上传到云端进行处理，这可能导致数据泄露。而使用同态加密，用户可以将加密的数据上传到云端，云服务器在不解密的情况下进行计算，然后将结果返回给用户，极大地提高了数据的隐私性。

2. 医疗保健

在医疗领域，同态加密可以应用于保护患者的隐私数据。例如，医疗机构可以使用同态加密来分析加密的患者数据，而不需要解密这些数据。这为医疗研究提供了更多的可能性，同时保护了患者的隐私。

3. 金融行业

在金融领域，同态加密可以用于保护交易的隐私。银行和金融机构可以在加密状态下对客户数据进行计算，而无需直接访问客户的敏感信息。这有助于防止内部和外部的恶意行为，同时保护客户的隐私。

4. 物联网

随着物联网的发展，大量的设备生成和传输数据。这些设备可以利用同态加密在不泄露数据的情况下进行数据分析和共享。例如，智能家居设备可以使用同态加密来保护用户的隐私，同时实现协同工作和数据分析。

（三）同态加密与数据隐私保护

1. 数据加密

同态加密允许在加密状态下进行计算，这为在云环境中处理敏感数据提供了额外的保障。用户可以在本地将数据加密后上传到云端，云服务器可以在不解密的情况下完成计算，从而避免了数据在传输和处理过程中的明文暴露。

2. 数据共享

同态加密使得多方能够在不泄露明文数据的情况下进行数据共享。多个参与方可以对各自的数据进行同态加密后上传到某个中心，中心进行计算后返回结果，而不需要了解明文数据。这在跨机构合作和研究中非常有用。

3. 隐私保护

同态加密可以有效地保护用户的隐私。在传统的加密方式中，为了进行计算，通常需要解密数据，而这可能会带来潜在的风险。而同态加密允许在加密状态下进行计算，无需暴露数据的明文内容，因此更好地保护了用户的隐私。

4. 安全多方计算

同态加密为安全多方计算（Secure Multi-Party Computation，SMPC）提供了强大的工具。在多个参与方之间，通过使用同态加密，可以在不泄露各自输入数据的情况下，进行协作计算。这在涉及多方合作、共享敏感信息的场景中，例如，投票系统或联邦学习中，具有显著的优势。

5. 防止内部威胁

在许多组织中，存在内部人员滥用敏感信息的风险。同态加密可以降低这种风险，因为即使在处理数据的时候，参与计算的人员也无法直接访问或了解敏感信息的实际内容。

（四）同态加密的挑战与未来发展

1. 计算性能

同态加密的计算性能仍然是一个挑战。由于其加密和解密操作的复

杂性，特别是全同态加密，可能需要更多的计算资源。未来的研究方向之一是提高同态加密的效率，以便更广泛地应用于各个领域。

2. 标准化

同态加密的标准化也是一个重要的方向。目前，不同的同态加密方案可能存在互操作性问题，因此制定统一的标准将有助于促进其在实际应用中的广泛使用。

3. 部署复杂性

由于同态加密需要更多的计算和存储资源，其在实际部署时可能面临一些复杂性问题。在推广同态加密的应用时，需要考虑系统集成、性能优化和用户培训等方面的问题。

4. 安全性保障

尽管同态加密提供了强大的隐私保护机制，但其安全性仍然需要进一步研究。对于可能的攻击和漏洞，需要不断改进算法和协议，确保同态加密系统的安全性。

同态加密作为一种前沿的加密技术，为数据隐私保护提供了新的视角和解决方案。在云计算、医疗保健、金融行业、物联网等多个领域，都展现出了巨大的潜力。通过保持对计算结果的加密，同态加密为跨组织协作、数据共享和隐私保护提供了创新的手段。然而，同态加密仍然面临着一些挑战，包括计算性能、标准化、部署复杂性和安全性保障等方面。随着技术的不断进步和研究的深入，相信同态加密将在未来更广泛地应用于保护用户的隐私数据，推动数据安全和隐私保护的发展。

三、隐私硬币与混币技术

随着数字货币的兴起，人们对交易隐私的关注也日益增加。在这个背景下，隐私硬币和混币技术应运而生，成为加密货币领域中关键的隐私保护手段。以下将深入探讨隐私硬币和混币技术的基本原理、应用领域，以及它们在保护用户交易隐私方面的作用。

（一）隐私硬币的基本原理

1. 隐私硬币概述

隐私硬币是一类专注于提高交易隐私性的数字货币。与比特币等公开区块链不同，隐私硬币通过使用各种隐私保护技术，致力于遮蔽交易的发送者、接收者及交易金额，从而保护用户的交易隐私。

2. 主要隐私保护技术

环签名：隐私硬币通常使用环签名技术，它允许一个签名者在一个由多个成员组成的集合中签署消息，而不泄露具体签署者。这种方法使得在签名中无法追踪到实际的交易发送者。

零知识证明：零知识证明被广泛应用于隐私硬币，允许证明者证明某个断言为真，而无需透露有关断言的具体信息。这包括范围证明（Range Proofs），确保交易金额在有效范围内。

机密交易：这是一种通过使用加密算法保护交易金额的技术，只有交易的参与者才能解密和验证实际的交易金额。

（二）隐私硬币的应用领域

1. 保护用户隐私

隐私硬币最主要的应用就是保护用户的交易隐私。在公开区块链中，比特币等数字货币的交易信息是公开的，而隐私硬币通过使用各种隐私保护技术，使得交易的发送者、接收者及金额得以保护，提高了用户的隐私保护水平。

2. 防止分析攻击

公开区块链上的交易数据可以被用于分析攻击，通过分析交易模式，识别出特定用户的交易行为。隐私硬币的应用可以有效防止分析攻击，使得交易更难被追踪和识别。

3. 企业和金融隐私保护

在商业和金融领域，隐私硬币的应用可以更好地保护企业和个人的交易隐私。通过使用隐私硬币，商业交易的细节可以得到保护，避免了

敏感商业信息的泄露。

（三）混币技术的基本原理

1. 混币概述

混币技术是一种通过将多个用户的交易混合在一起，增加交易的复杂性和不可追踪性，从而提高用户交易隐私的方法。通过混币，使得单个用户的交易与其他用户的交易混在一起，难以分辨交易的真实发起者。

2. 主要混币技术

CoinJoin：CoinJoin 是一种通过将多个用户的交易合并在一起，形成一个混合交易，从而增加交易的不可追踪性的技术。CoinJoin 不涉及任何中心化的第三方，参与者自愿加入混合交易，使得交易更难被追踪。

Confidential Transactions with CoinJoin：这是一种结合了机密交易和 CoinJoin 技术的方法，旨在通过保护交易金额和混合交易来提高用户的隐私保护水平。

交易输入输出混淆：通过将交易的输入和输出进行混淆，使得难以确定哪些输入对应哪些输出，从而增加交易的不可追踪性。

（四）混币技术的应用领域

1. 增强比特币交易隐私

混币技术最主要的应用就是增强比特币等公开区块链上的交易隐私保护。比特币的交易信息对于任何人都是可见的，而混币技术通过将多个用户的交易混合在一起，使得交易更难以追踪，提高了用户的隐私保护水平。

2. 防止链上分析

链上分析是一种通过分析区块链上的交易信息，识别特定用户的行为的方法。混币技术的采用可以有效防止链上分析，使得用户的交易更为隐私和安全。

3. 匿名购物

在一些电子商务平台和在线市场上，混币技术可以为用户提供匿名购物的选项。通过将交易与其他用户混合，购物者的交易行为更难以被追踪，从而保护了其购物行为的隐私。

4. 保护企业和个人财务隐私

混币技术不仅适用于个人用户，也对企业和机构的财务隐私具有重要意义。在商业交易中，特别是在涉及商业机密和财务数据的情况下，混币技术可以增加交易的隐私性，防止敏感信息泄露。

（五）隐私硬币与混币技术的比较

1. 隐私保护程度

隐私硬币：使用环签名、零知识证明等技术，可以在协议层面提供较高水平的交易隐私保护。交易的发送者、接收者及交易金额都能得到有效保护。

混币技术：通过混合多个用户的交易，增加交易的复杂性和不可追踪性，一定程度上保护了交易隐私，但并不涉及对交易金额的加密。

2. 中心化与去中心化

隐私硬币：大多数隐私硬币的设计是去中心化的，没有中心化的混币服务。用户可以直接参与隐私硬币的协议，而无需信任中心化的第三方。

混币技术：部分混币服务可能涉及中心化的组织，协助用户进行交易混合。然而，也存在去中心化的混币技术，如 CoinJoin。

3. 交易费用和效率

隐私硬币：由于使用了复杂的加密技术，隐私硬币的交易费用可能相对较高，而且处理速度可能较慢。

混币技术：一些混币技术可能需要支付额外的混币费用，但通常来说，交易费用相对较低，而且处理速度较快。

4. 适用场景

隐私硬币：更适用于那些对交易隐私要求较高的用户，特别是在需

要保护交易金额等敏感信息的场景。

混币技术：更适用于那些希望增加交易复杂性，提高不可追踪性，但对于具体交易金额的隐私要求较低的用户。

（六）挑战与未来发展

1. 法规合规性

隐私硬币和混币技术的广泛应用可能面临法规合规性的挑战。一些国家和地区对于加密货币的监管法规在不断发展，因此隐私保护技术需要在法规框架下合规运作。

2. 用户接受度

用户对于隐私硬币和混币技术的接受度仍然是一个问题。尽管这些技术在理论上提供了强大的隐私保护，但用户可能需要逐渐适应新的工作流程和用户体验。

3. 技术演进

随着技术的不断演进，隐私硬币和混币技术也需要不断升级以适应新的安全威胁和挑战。技术研究和创新对于这两种技术的长期发展至关重要。

4. 效率和可扩展性

隐私硬币和混币技术在效率和可扩展性方面仍然存在一些挑战。提高交易处理速度、降低交易费用，并确保系统的可扩展性是未来发展的重点。

隐私硬币和混币技术作为加密货币领域中关键的隐私保护手段，为用户提供了更高水平的交易隐私保护。隐私硬币通过使用环签名、零知识证明等技术，全面保护交易的发送者、接收者及交易金额。而混币技术通过混合多个用户的交易，增加交易的复杂性和不可追踪性，提高用户的交易隐私。

然而，随着法规合规性、用户接受度等方面的挑战，隐私硬币和混币技术仍然需要在技术和法规框架下不断发展。未来的研究和创新将为这两种技术带来更多可能性，促使它们更广泛地应用于数字货币领域，为用户提供更加安全和私密的交易体验。

第四节　区块链身份认证与访问控制

一、基于区块链的身份验证

随着数字化时代的到来，个人身份的管理和验证成为了一个日益重要的问题。传统的身份验证方法存在着诸多安全隐患和隐私问题，因此，基于区块链的身份验证技术应运而生。以下将深入讨论基于区块链的身份验证的基本原理、应用领域，以及这一技术在提高身份验证安全性和隐私保护方面的作用。

（一）基本原理

1. 区块链技术概述

区块链是一种去中心化的分布式账本技术，其基本原理包括分布式存储、共识机制和不可篡改的区块结构。每个区块包含了一批交易记录，通过哈希连接起来，形成一个链条。分布式存储和不可篡改性保证了数据的安全性，而共识机制确保了网络上所有节点对于账本的一致性。

2. 区块链身份验证原理

基于区块链的身份验证利用区块链的去中心化、不可篡改、透明的特性，将用户的身份信息存储在区块链上，实现安全可靠的身份验证，主要原理如下。

去中心化身份管理：用户的身份信息不再由单一中心化机构管理，而是分布式存储在区块链网络的各个节点上。这消除了单点故障的风险，提高了身份信息的安全性。

不可篡改性：一旦身份信息被写入区块链，由于区块链的不可篡改性，任何人都无法修改或删除这些信息。这为用户提供了高度可信的身

份验证。

透明性：区块链上的数据是公开透明的，任何人都可以查看。这意味着用户可以随时验证其身份信息是否被正确记录，增加了身份验证的可追溯性和透明度。

（二）应用领域

1. 数字身份

基于区块链的身份验证技术可以用于数字身份的管理。用户的个人信息、身份证明、学历证书等可以被安全地存储在区块链上，用户可以通过私钥控制对这些信息的访问权限，从而实现更加安全和便捷的数字身份管理。

2. 金融服务

在金融领域，基于区块链的身份验证可以用于开设银行账户、进行交易验证及进行 KYC 身份认证（了解你的客户）等。通过区块链，用户的身份信息可以得到高度安全的存储，减少了金融欺诈和身份盗窃的风险。

3. 医疗保健

在医疗领域，基于区块链的身份验证可以用于患者身份的验证和医疗记录的安全存储。患者可以更好地掌控自己的医疗数据，并确保只有授权的医疗机构能够访问和修改这些数据。

4. 政府服务

政府部门可以利用基于区块链的身份验证来提高公民身份信息的管理和安全性。例如，选民身份可以在区块链上进行验证，确保选举的公正性和透明性。

（三）身份验证流程

1. 用户注册

用户在区块链上注册其身份，提供必要的身份信息，并生成一对公钥和私钥。身份信息被加密存储在区块链上，只有用户持有的私钥才能解密和访问。

2. 认证过程

当用户需要进行身份验证时，系统会向用户发送一个挑战，用户使用其私钥对挑战进行签名，并将签名发送给系统。系统通过验证签名和公钥来确认用户的身份。

3. 权限管理

用户可以通过区块链智能合约管理访问权限。只有经过授权的机构或个人才能访问用户的特定身份信息，确保了用户对其隐私的控制。

（四）身份验证的安全性与隐私保护

1. 防止身份盗窃

基于区块链的身份验证通过使用私钥对身份信息进行签名，大大降低了身份盗窃的风险。即使部分身份信息被泄露，但没有私钥，黑客也无法伪造身份。

2. 数据加密与隐私保护

用户的身份信息在存储和传输过程中经过加密处理，只有用户持有的私钥能够解密。这确保了用户的身份信息在整个流程中的隐私安全。

3. 去中心化防止单点故障

传统身份验证系统中存在单点故障的风险，而基于区块链的身份验证是去中心化的，身份信息被存储在网络的多个节点上，不易受到单一点的攻击或故障影响，提高了系统的稳定性和可靠性。

4. 用户掌握身份数据

基于区块链的身份验证赋予用户更大的主动权，用户可以自主管理和掌握自己的身份数据。用户通过私钥控制对身份信息的访问权限，决定何时分享、何时撤回访问权限，有效保护了个人隐私。

（五）挑战与未来发展

1. 标准化问题

目前，基于区块链的身份验证并没有统一的标准。由于不同的平台应用采用了不同的身份验证方案，缺乏统一标准可能导致互操作性问题。

因此，未来需要制定更统一的标准，以确保不同系统之间的兼容性。

2. 长时间存储和访问速度

区块链的长时间存储成本和访问速度仍然是一个挑战。随着区块链上数据的不断增加，如何高效地管理大量的身份信息，以及确保用户能够快速访问和验证身份，是亟需解决的问题之一。

3. 用户接受度

尽管基于区块链的身份验证提供了更安全、去中心化及隐私保护的解决方案，但用户对新技术的接受度仍然是一个潜在的挑战。教育用户关于区块链身份验证的优势和操作流程，增加用户对这一技术的信任度，是未来需要关注的方向。

4. 法规合规性

随着数字身份的广泛应用，相关法规和合规性问题变得尤为重要。如何在符合法规的前提下进行身份验证，并确保个人信息的安全性，是未来发展中需要重点考虑的问题。

基于区块链的身份验证技术在数字化时代提供了一种更安全、去中心化和隐私保护的身份验证解决方案。通过区块链的不可篡改性、去中心化存储和透明性，用户的身份信息得以更安全地存储和管理，用户也能更好地掌握自己的身份数据。这一技术在数字身份、金融服务、医疗保健和政府服务等多个领域都有广泛应用的潜力。

然而，基于区块链的身份验证仍然面临一些挑战，包括标准化问题、长时间存储和访问速度、用户接受度及法规合规性等。未来的发展需要通过制定统一标准、优化技术性能、加强用户教育和遵循法规合规性的原则，以推动基于区块链的身份验证技术更广泛、更可靠地应用于各个领域，为用户提供更安全、便捷的身份验证体验。

二、区块链在访问控制中的应用

随着数字化时代的深入发展，数据安全和隐私保护变得尤为重要。在各行各业，对于敏感信息的访问控制成为保障数据安全的一项关键技术。区块链技术以其去中心化、不可篡改的特性，为访问控制提供了全新的解决方案。以下将深入探讨区块链在访问控制中的应用，包括其基本原理、应用领域及未来发展方向。

（一）区块链与访问控制的结合

1. 区块链技术概述

区块链是一种基于共识机制、分布式存储和密码学等技术构建的分布式、去中心化的账本技术。其核心特点包括去中心化、不可篡改性、透明性和智能合约等。

去中心化：区块链通过在网络中分布数据和权力，消除了中心化的单点故障，提高了系统的鲁棒性。

不可篡改性：区块链中的每个区块都包含前一个区块的哈希值，使得整个链条上的数据变得不可篡改，确保了数据的完整性。

透明性：区块链上的数据是公开可查的，所有参与节点都能查看、验证和监控链上的交易。

智能合约：区块链中的智能合约是自动执行的计算机程序，可以定义和执行特定的规则，进一步加强了系统的自动化和可编程性。

2. 访问控制基本原理

访问控制是一种用于限制系统中用户或计算机程序对资源访问的技术。其基本原理包括以下几方面。

身份认证：确认用户或程序的身份，通常通过用户名密码、生物识别等手段进行。

授权：给予经过身份认证的实体访问资源的权限，以及定义资源的操作权限。

审计：记录和监控系统中的访问活动，追踪用户或程序对资源的使用情况。

（二）区块链在访问控制中的应用

1. 去中心化身份管理

传统的身份管理系统通常由中心化的身份提供者管理，存在单点故

障和安全风险。区块链通过去中心化的身份管理，使用户拥有自己的身份信息，并通过私钥控制对资源的访问权限，提高了身份管理的安全性和可控性。

2. 区块链智能合约授权

区块链中的智能合约可以用于定义和执行访问控制规则。通过智能合约，可以在区块链上建立自动执行的授权机制，实现更加灵活和可编程的访问控制，避免了传统访问控制中的集中式管理。

3. 审计和透明性

区块链上的交易和智能合约执行记录都是公开的，任何参与者都可以查看。这为审计提供了更大的透明性，监控系统中的访问活动变得更加容易，有助于追踪和解决潜在的安全问题。

4. 基于区块链的访问控制框架

一些区块链平台和项目专注于提供基于区块链的访问控制框架。这些框架通过结合区块链的特性，如去中心化、智能合约等，为用户和应用提供更安全、透明和可控的访问控制解决方案。

（三）应用领域

1. 金融服务

在金融领域，区块链可用于改进访问控制机制，确保只有经过授权的用户才能够访问敏感的财务数据。智能合约可以用于自动化授权过程，确保交易的合法性和安全性。

2. 医疗保健

在医疗行业，区块链可以帮助建立更安全、透明的访问控制系统，确保医疗记录只能被授权的医疗专业人员访问。患者可以通过区块链控制其医疗数据的访问权限，保护隐私。

3. 物联网

在物联网中，设备之间的通信和数据传输需要强大的访问控制。区块链技术可以提供一种安全、可信的机制，确保只有授权设备能够访问和交换数据，防范恶意攻击。

4. 跨组织合作

在跨组织合作的场景中，多方参与者需要安全地共享资源和信息。基于区块链的访问控制可以建立在各方之间的可信关系，确保只有经过授权的参与者才能够获取相关信息。

（四）安全性与隐私保护

区块链在访问控制中的应用带来了更高水平的安全性和隐私保护。

防篡改性：区块链的不可篡改性确保了访问控制规则的安全性。一旦规则被建立和记录在区块链上，就无法被篡改，有效防止了中间人攻击和数据篡改。

加密和私钥控制：区块链中的身份认证和授权通常依赖于加密技术和私钥。用户通过持有私钥来证明身份，并使用私钥对数据进行解密。这种机制有效保护了用户身份和敏感信息的隐私。

分布式存储：区块链的分布式存储机制使得访问控制规则分布在整个网络中，而不是集中存储在单一位置。这降低了攻击者通过攻击中心化服务器获取控制规则的风险。

审计和追踪：区块链的透明性使得所有的交易和智能合约执行都能被审计和追踪。这为监控系统访问活动、检测异常行为提供了强大的工具。

（五）挑战与未来发展

1. 性能和可扩展性

当前一些公有区块链网络在性能和可扩展性上面临挑战，导致访问控制的效率可能不如中心化的解决方案。未来的发展需要解决这些问题，提高区块链网络的性能，以更好地支持大规模的访问控制需求。

2. 标准化和互操作性

目前缺乏统一的区块链访问控制标准，不同平台和项目采用了各自的解决方案。为了实现更广泛的应用，需要制定统一的标准，提高不同系统之间的互操作性。

3. 法规合规性

随着区块链在访问控制中的应用不断增加，法规合规性的作用也变得更为重要。在一些行业，特定的法规和合规性要求可能需要在区块链访问控制中得到更好的整合。

4. 用户教育与接受度

区块链技术对于一般用户和企业来说可能仍然相对陌生，需要通过用户教育和推广提高用户对于区块链在访问控制中的应用的认知和接受度。

区块链在访问控制中的应用为数据安全和隐私保护带来了新的可能性。通过去中心化、不可篡改、智能合约等特性，区块链提供了更安全、透明和可编程的访问控制解决方案。在金融、医疗、物联网等多个领域，区块链都展现出了强大的应用潜力。

三、身份管理与防止身份盗窃的创新方法

在数字化时代，身份管理是信息社会中不可或缺的一环。然而，随着科技的不断发展，身份盗窃等安全威胁也在不断演进。为了提高身份管理的安全性，创新的方法变得至关重要。以下将深入探讨身份管理的现状及其面临的挑战，并介绍一些创新方法，以防止身份盗窃和提升身份管理的安全性。

（一）身份管理的现状

1. 传统身份验证方法

传统身份验证方法主要包括用户名和密码、生物识别技术（如指纹、虹膜扫描）、硬件令牌（如身份卡、USB 安全令牌）等。然而，这些方法都存在一些问题。用户名和密码容易被盗取，生物识别信息可能被模仿，而硬件令牌可能丢失或被盗用。

2. 挑战与威胁

随着网络犯罪和身份盗窃的不断升级，传统身份验证方法面临着一

系列挑战和威胁，具体如下。

密码泄露：大规模数据泄露导致用户密码泄露的风险增加，黑客可通过暴力破解或社交工程手段获取用户密码。

生物识别攻击：生物识别技术的发展也带来了新的威胁，如高级的面部合成技术和虹膜复制技术，使得生物识别不再绝对安全。

社交工程：攻击者通过欺骗手段，诱导用户透露敏感信息，从而绕过传统身份验证的防线。

（二）创新的身份管理方法

1. 多因素身份验证

多因素身份验证是一种结合多个身份验证因素的方法，包括知识因素（如密码）、所有权因素（如手机或硬件令牌）和生物因素（如指纹、面部识别）。这种方法提高了身份验证的复杂性，增加了安全性。

2. 区块链身份管理

区块链技术提供了去中心化、不可篡改的特性，可用于改善身份管理的安全性。用户的身份信息可以存储在区块链上，用户通过私钥管理自己的身份，降低了中心化存储的风险。

3. 生物特征结合人工智能

将生物特征识别与人工智能相结合，采用深度学习等技术，能够更准确地判断生物特征的真实性，防止被仿造。这种创新方法能够提高面部识别、指纹识别等技术的精准度。

4. 基于行为分析的身份验证

基于行为分析的身份验证采用机器学习算法，分析用户的行为模式，包括键盘输入、鼠标移动等，从而识别是否存在异常行为。这种方法可以在用户登录后继续监控，实时评估风险。

5. 零信任模型

零信任模型是一种将“不信任”作为网络和系统设计的基本原则的方法。在这种模型下，每个用户和设备都被视为潜在的威胁，需要通过身份验证和授权才能访问资源。

（三）创新方法的优势

1. 提高安全性

创新的身份管理方法通过采用多因素身份验证、区块链技术等，提高了身份管理的安全性。多层次的验证手段和去中心化存储减少了单一攻击点。

2. 增加用户便利性

与传统的用户名密码相比，创新方法通常更加便利。例如，多因素身份验证可以通过手机应用实现，区块链身份管理减少了对中心化身份提供者的依赖。

3. 预防身份盗窃

创新的身份管理方法还具有预防身份盗窃的优势，具体如下。

减少密码泄露风险：多因素身份验证降低了仅依赖用户名和密码的风险，即使密码泄露，攻击者仍需要其他因素进行身份验证。

区块链的不可篡改性：区块链技术的不可篡改性确保了用户的身份信息在存储和传输过程中的安全性。一旦身份信息被写入区块链，任何人都无法篡改，有效防止了身份盗窃。

智能合约的安全执行：在区块链上实现的智能合约可以用于执行安全的身份验证规则。这些合约可以定义复杂的身份验证逻辑，并且由于在区块链上运行，防范了中间人攻击。

行为分析的实时评估：基于行为分析的身份验证方法能够在用户登录后进行实时监控，及时发现异常活动，从而降低身份盗窃的风险。

（四）挑战与未来发展

1. 隐私问题

一些新兴技术，如生物特征识别和行为分析，可能引发用户隐私的担忧。因此，在采用这些技术时，需要强调隐私保护，确保用户数据得到妥善处理。

2. 技术标准化

目前，创新的身份管理方法缺乏统一的技术标准，导致不同平台和系统之间的互操作性受到影响。未来的发展需要制定更为广泛接受的标准，以促进技术的一致性和互操作性。

3. 用户接受度

新的身份管理方法需要得到用户的接受和认可。用户可能需要一定时间来适应新的身份验证方式，因此，推广和教育用户关于这些方法的优势是非常关键的。

4. 恶意攻击和对抗性技术

随着身份管理技术的升级，恶意攻击和对抗性技术也在不断发展。未来的发展需要不断加强对抗性技术，提高系统对抗攻击的能力。

随着科技的不断发展，身份管理和防止身份盗窃的创新方法有助于提高数字社会的安全性和用户便利性。多因素身份验证、区块链身份管理、生物特征结合人工智能、基于行为分析的身份验证，以及零信任模型等创新方法为传统身份管理带来了全新的思路和解决方案。

然而，要确保这些方法的长期成功，需要克服一系列挑战，包括隐私问题、技术标准化、用户接受度和对抗性技术的提升。未来的发展需要在安全性和用户友好性之间找到平衡，通过持续创新和综合解决方案，使身份管理更为安全、便捷和可持续。

第五节　区块链的防攻击机制

一、拒绝服务攻击与防范

拒绝服务攻击是一种常见的网络攻击类型，旨在使目标系统或网络资源无法提供正常服务。这种类型的攻击通过超载目标系统的资源，使其无法响应合法用户的请求，从而导致服务不可用。以下将深入探讨拒绝

服务攻击的原理、类型、影响以及防范措施。

（一）拒绝服务攻击的原理

1. 攻击原理

拒绝服务攻击的基本原理是通过耗尽目标系统的关键资源，例如，带宽、处理能力、内存或存储空间，以阻止合法用户访问目标服务。攻击者通常会发送大量的请求或恶意流量，使系统超负荷，无法正常处理合法用户的请求。

2. 攻击手段

流量洪泛：攻击者通过发送大量的请求，占用目标系统的网络带宽和处理能力。这可以通过 TCP、UDP、ICMP 等协议实现。

资源耗尽攻击：攻击者专注于消耗目标系统的关键资源，例如，打开大量连接、占用大量内存或使用恶意脚本。

应用层攻击：通过发送合法但复杂和资源密集型的请求，耗尽目标系统的应用层资源，例如，HTTP 请求。

（二）拒绝服务攻击的类型

1. 简单攻击类型

UDP Flood：攻击者通过 UDP 协议向目标系统发送大量的数据包，占用目标系统的带宽。

TCP SYN Flood：攻击者发送大量伪造的 TCP 连接请求，占用目标系统的连接资源，使其无法对合法的连接请求做出响应。

ICMP Flood：攻击者通过发送大量的 ICMP 请求，使目标系统的网络带宽过载，影响其正常通信。

2. 高级攻击类型

分布式拒绝服务攻击：攻击者通过多台分布在不同位置的计算机协同工作，以增加攻击的规模和难以追踪攻击源。

应用层攻击：针对目标系统的应用层资源进行攻击，例如，HTTP 请求攻击、Slowloris 攻击等。

（三）拒绝服务攻击的影响

1. 服务不可用

拒绝服务攻击的直接影响是导致目标系统或服务不可用。合法用户无法正常访问服务，从而影响业务运营和用户体验。

2. 数据丢失和泄露

在拒绝服务攻击的过程中，攻击者可能利用混乱的环境来实施攻击，导致数据丢失或泄露。这可能导致敏感信息的曝光，造成更严重的后果。

3. 业务损失和声誉受损

服务不可用和数据安全问题可能导致业务损失，同时会影响组织的声誉。可能会失去客户的信任，导致长期的负面影响。

（四）拒绝服务攻击的防范措施

1. 网络层防护

流量过滤：使用防火墙、入侵检测系统（IDS）等设备，过滤恶意流量，防止攻击流量进入网络。

IP 黑名单：将已知攻击源的 IP 地址加入黑名单，阻止其访问目标系统。

网络负载均衡：使用负载均衡设备分配流量，确保不同服务器平均分担流量，减轻单一点的压力。

2. 服务器层防护

资源限制：针对每个用户或连接，设置资源限制，防止单一用户或连接占用过多资源。

连接限制：设定连接数限制，防止一个 IP 地址或用户同时建立过多的连接。

网络监测：部署网络监测系统，及时检测异常流量和攻击行为，采取相应的阻断措施。

3. 应用层防护

CDN 服务：使用内容分发网络（CDN）服务，分发和缓存静态资源，减轻服务器压力。

Web 应用防火墙（WAF）：部署 WAF，检测和阻止应用层的攻击，如 SQL 注入、跨站脚本等。

正常流量模拟：使用正常流量模拟工具，模拟合法用户的行为，使攻击者难以区分正常流量和攻击流量。

4. DDoS 防护服务

云服务提供商：使用云服务提供商的 DDoS 防护服务，通过分布式基础设施和大规模带宽来抵御攻击。

专业的 DDoS 防护服务：部署专业的 DDoS 防护服务，这些服务通常具有实时监测、自动化阻断和大规模的网络流量处理能力，能够有效抵御各种规模和类型的拒绝服务攻击。

5. 流量分析和行为检测

流量分析：使用流量分析工具监测网络流量，及时发现异常流量模式，并采取相应措施。

行为检测：实施行为分析，通过检测用户和系统的行为模式，识别可能的攻击行为。

6. 高可用架构设计

分布式架构：采用分布式架构，将系统部署在多个地理位置，减轻单一点的攻击压力。

冗余备份：使用冗余备份策略，确保在部分系统或网络受到攻击时，其他备用系统可以顶替此系统正常工作。

7. 安全培训与意识提升

员工培训：对组织内的员工进行网络安全培训，提高其对拒绝服务攻击等网络安全威胁的认识，并教导应对策略。

紧急响应计划：制订和实施紧急响应计划，以便在发生拒绝服务攻击时，能够迅速、有效地应对和恢复。

（五）未来趋势与发展

1. 人工智能应用

未来，人工智能将在拒绝服务攻击的防范中发挥更大作用。机器学习和深度学习算法可以实时监测和分析网络流量，识别出不同于正常流量模式的异常行为，并采取自动化的阻断措施。

2. 区块链技术

区块链技术的去中心化和不可篡改的特性使其有望应用于防范拒绝服务攻击。通过在区块链上记录网络流量和身份信息，可以提高攻击的可追溯性和溯源性。

3. 边缘计算

边缘计算将计算资源推向网络的边缘，减少了对中心化服务器的依赖。这有助于分散攻击压力，提高系统的弹性和可用性。

4. 合作防御

未来针对拒绝服务攻击的防范可能更多地依赖于各方之间的协作和信息共享。组织可以共同构建威胁情报共享平台，及时交流攻击信息和防御策略。

拒绝服务攻击作为一种一直存在的网络威胁，对于组织的网络安全和业务连续性构成了严重威胁。防范拒绝服务攻击需要综合采用多层次、多维度的防御策略。从网络层、服务器层到应用层，采用不同的技术和工具来应对不同类型的攻击。

未来，随着技术的发展，人工智能、区块链技术、边缘计算等将为拒绝服务攻击的防范带来新的思路和解决方案。然而，也需要警惕攻击技术的不断演进，持续加强网络安全防护体系，以确保网络的稳健性和可用性。在这个持续演变的威胁环境中，积极采用最新的安全技术和保持紧密的合作关系将是保护组织网络免受拒绝服务攻击的关键。

二、可信硬件的使用与安全

可信硬件是一种通过硬件实现的安全解决方案，旨在提供更高层次的安全性和可信度。这种硬件通常包括安全芯片、受保护执行环境、硬件安全模块等。以下将深入探讨可信硬件的概念、工作原理、应用领域，以及使用中的安全考虑和挑战。

（一）可信硬件的概念与工作原理

1. 可信计算基础

可信硬件是可信计算基础的关键组成部分，其核心思想是通过硬件实现安全性和可信度，确保系统和数据的完整性、机密性和可用性。可信计算基础建立在以下基本原则上。

根信任：使用硬件根信任建立初始的系统信任，确保系统启动和运行的初始状态是可信的。

密封存储：利用硬件机制对关键信息进行密封存储，以保护密钥和敏感数据不受未经授权的访问。

远程验证：支持远程验证，使得系统的可信状态可以由远程实体验证，确保系统没有被篡改或受到攻击。

2. 工作原理

可信硬件的工作原理主要涉及以下几个方面。

硬件根信任：可信硬件通过在硬件层面实现一个被称为“硬件根”的安全区域，确保系统启动时能够建立一个初始的、不容篡改的信任状态。

受保护执行环境（TEE）：TEE 是一种在处理器中创建的安全执行环境，用于运行受保护的应用程序。这个环境被设计为与操作系统和其他应用程序相隔离，以防止恶意软件的干扰。

硬件安全模块（HSM）：HSM 是一种专用硬件设备，用于提供安全的密钥管理和加密操作。它通常包含硬件随机数生成器、密钥存储和管理功能，以及专用于加密运算的硬件加速器。

（二）可信硬件的应用领域

1. 云计算与虚拟化

在云计算环境中，可信硬件可以用于确保虚拟机之间的隔离，还可用于云服务提供商与客户之间的安全通信。通过建立可信的执行环境，云计算平台可以提供更高级别的安全性，防范恶意虚拟机的攻击。

2. 物联网

在物联网中，可信硬件可以用于确保设备的安全性和数据的完整性。通过在物联网设备中嵌入可信硬件，可以实现对设备进行身份验证、固件验证和加密通信等安全功能。

3. 数字版权管理

数字版权管理（DRM）是通过技术手段保护数字内容在未经授权的情况下不被访问、复制和分发的系统。可信硬件可以用于存储和管理数字版权密钥，以防止对受保护内容的盗版和非法访问。

4. 金融领域

在金融领域，可信硬件常用于构建安全的支付系统和交易平台。硬件安全模块通常被用于管理加密密钥，以确保交易的机密性和完整性。

（三）使用可信硬件的安全考虑

1. 物理攻击

可信硬件通常集成了物理安全性设计，但仍然可能受到物理攻击，例如，侧信道攻击、冷启动攻击等。因此，在设计和使用可信硬件时，需要考虑物理层面的安全性，采用防护措施，例如，外壳加固、防护罩等。

2. 固件和软件攻击

固件和软件层面的攻击可能会利用可信硬件的漏洞或弱点。因此，定期更新可信硬件的固件和软件是确保系统安全性的重要措施。

3. 供应链攻击

由于可信硬件的制造和供应涉及多个环节，供应链攻击是一个潜在的威胁。在采购和使用可信硬件时，需要对供应链进行审计和监控，以确保硬件的可信性。

4. 密钥管理

可信硬件中存储的密钥是系统安全的关键组成部分。合理而安全的密钥管理是防范密钥泄漏和滥用的重要手段，包括定期轮换密钥、使用硬件随机数生成器等。

（四）未来发展与趋势

1. 可信计算的融合

未来，可信硬件将更加融合于整个可信计算生态系统中。由可信操作系统、可信应用程序及其他可信计算组件的深度集成。通过整合不同层次的可信计算技术，可以建立更加全面、多层次的安全保障体系，提高系统的整体安全性。

2. 安全多方计算

安全多方计算是一种通过多方参与、但不泄露私密信息的计算方式。未来的可信硬件可能在安全多方计算中发挥更为重要的作用，以支持多方之间的安全协作和数据共享，同时保护用户隐私。

3. 边缘计算与可信边缘设备

随着边缘计算的兴起，可信硬件将在边缘设备上发挥更为关键的角色。可信边缘设备可以提供更加安全可靠的本地计算和数据处理，减轻云端计算的压力，同时确保边缘设备的可信性。

4. 面向服务的安全架构

未来可信硬件的发展可能更加面向服务的安全架构。这意味着可信硬件不仅是一个独立的硬件组件，而是作为服务的一部分，与云服务、网络服务等相互协同，提供更加全面和灵活的安全解决方案。

5. 强调用户隐私保护

随着对个人隐私的关注增加，未来可信硬件的设计将更加强调用户隐私保护。这可能包括采用更为安全的身份验证机制、支持匿名计算等技术，以确保用户的敏感信息得到有效的保护。

可信硬件作为安全领域的一项关键技术，通过硬件层面的安全实现，为系统和应用提供了更高层次的安全性和可信度。可信硬件在云计算、物联网、金融等领域都发挥着关键作用。

在使用可信硬件时，需要综合考虑物理攻击、固件和软件攻击、供应链攻击，以及密钥管理等安全方面的问题。随着技术的不断发展，未来可信硬件将更加融入整个可信计算体系，与安全多方计算、边缘计算等新兴技术相结合，形成更加健全的安全生态系统。

为了推动可信硬件的发展，行业需要制定更为统一的标准和规范，推动相关技术的创新与研发。同时，用户和组织在使用可信硬件时，需要关注安全最佳实践，定期更新固件和软件，加强对供应链的监控，以确保系统的安全性和可信度。通过这些努力，可信硬件将继续在构建安全可信的数字世界中发挥不可替代的作用。

三、区块链系统的实时监控与响应

区块链技术作为一种去中心化、不可篡改的分布式账本技术，被广泛应用于数字货币、智能合约、供应链管理等领域。然而，区块链系统也面临各种潜在的安全威胁和挑战。为了维护系统的正常运行和确保参与者的资产安全，实时监控和迅速响应成为至关重要的任务。以下将深入探讨区块链系统的实时监控与响应策略，包括监测关键指标、检测异常行为、应对攻击等方面的方法与工具。

（一）区块链系统的关键监控指标

1. 交易速度与吞吐量

区块链系统的交易速度和吞吐量是衡量系统性能的关键指标。实时监控交易的处理时间、区块生成速度及整体网络的吞吐量，有助于及时发现和解决交易拥堵或延迟的问题。

2. 网络节点状态

区块链是一个分布式系统，实时监控网络中各个节点的状态对于保持系统的去中心化和稳定性至关重要。节点的连接状态、同步状态、版本信息等都是需要关注的指标。

3. 区块确认时间

区块确认时间是指一笔交易被区块链网络确认的时间。较长的确认时间可能导致用户体验下降，同时也增加了双花攻击等风险。实时监控确认时间，有助于及时调整区块大小和确认策略。

4. 智能合约执行状态

如果区块链系统支持智能合约，监控智能合约的执行状态就显得至关重要。这包括合约执行时间、资源消耗、执行结果等方面的指标。

（二）异常行为检测与分析

1. 双花攻击检测

双花攻击是一种在区块链网络中使用同一笔资产进行两次或多次花费的攻击。实时监测交易的输入和输出，检测是否存在重复使用相同的交易输入，从而防范双花攻击。

2. 51%攻击检测

51%攻击是指攻击者掌握了超过半数的区块链网络算力，从而能够篡改交易历史。通过实时监控网络算力分布和区块的产生情况，可以及时发现是否存在潜在的51%攻击风险。

3. 恶意智能合约检测

由于智能合约的不可篡改性，一旦发布到区块链上，就无法修改。因此，监控智能合约的执行情况，检测是否存在异常行为或安全漏洞，对于防范潜在的合约攻击至关重要。

4. 多重签名异常检测

多重签名是一种提高交易安全性的机制，但如果多重签名的私钥管理不善，也可能引发安全问题。实时监控多重签名交易的签名情况，检测是否存在异常签名行为，有助于及时发现潜在的攻击。

（三）安全事件响应策略

1. 快速阻断攻击

在发现异常行为或攻击威胁时，需要迅速采取措施阻断攻击，避免造成进一步损害。这可能包括停用受攻击节点、调整共识机制、暂停交易等措施。

2. 区块链数据回滚

如果发现了严重的攻击或漏洞，可以考虑采用区块链数据回滚的方式，将区块链系统的状态还原到攻击之前的状态，以减少损失。

3. 提高智能合约安全性

对于存在漏洞或异常行为的智能合约，及时更新合约代码并进行重新部署。同时，对于涉及资产较多或关键性的智能合约，可以考虑进行多重审计以提高安全性。

4. 合作与共享威胁情报

建立区块链网络的合作与共享机制，及时共享威胁情报和攻击经验，有助于整个区块链社区更迅速地应对新型攻击和威胁。

（四）区块链监控工具与技术

1. 区块链浏览器

区块链浏览器是一种用于查看和监控区块链交易信息的工具。通过区块链浏览器，用户可以实时查看区块、交易、地址等信息，了解区块链网络的运行状态。

2. 区块链审计工具

区块链审计工具可以用于对智能合约的安全性进行审计。这些工具能够检测合约中的漏洞、异常行为，并提供改进建议。一些常见的区块链审计工具包括 MythX、Securify 和 Oyente，它们可以帮助开发者发现合约中的潜在安全漏洞。

3. 区块链监控平台

区块链监控平台整合了各种监控和分析工具，提供全面的区块链系统监控服务。这些平台通常支持实时监测交易、节点状态、智能合约执行情况等，同时提供报警和日志记录功能，帮助及时发现潜在的威胁。

4. 区块链网络分析工具

区块链网络分析工具可用于监测和分析区块链网络中的数据流向、节点之间的通信等情况。这有助于检测潜在的网络攻击和异常行为。

5. 区块链安全标准与框架

一些区块链安全标准和框架提供了一套规范和指导，帮助开发者和网络管理员提高区块链系统的安全性。例如，NIST 的《区块链技术概览》提供了一些关于区块链安全的基本原则和最佳实践。

（五）未来趋势与发展

1. 隐私保护与零知识证明

未来的区块链系统将更加注重隐私保护。零知识证明等隐私保护技术将得到更广泛的应用，确保参与者的身份和交易信息得到有效的保护。

2. 异构区块链互操作性

随着不同类型的区块链网络的兴起，未来的发展将趋向于实现异构区块链之间的互操作性。这将带来更复杂的监控需求，需要更加智能化的监控系统来适应多链环境。

3. 智能合约安全性的提升

随着智能合约的广泛应用，对其安全性的关注度将不断提升。未来的发展将注重智能合约的设计、开发和审计，以确保其在执行过程中不会受到攻击。

4. 区块链治理的完善

区块链网络的治理机制将逐渐完善，形成更加健全的自治体系。这需要更智能的监控和响应系统，以适应复杂的治理结构和多方的参与。

实时监控与响应是确保区块链系统安全运行的关键环节。通过监控关键指标、检测异常行为，以及采取快速有效的响应策略，可以帮助区块链网络更好地抵御各种安全威胁。

随着区块链技术的不断发展，监控与响应系统也将不断演进。未来的趋势将集中在隐私保护、异构区块链互操作性、智能合约安全性和区块链治理等方面。在这个不断发展的环境中，采用先进的监控工具、技术和最佳实践，将是确保区块链系统安全的重要手段。

第六节　区块链安全性评估与标准

一、区块链系统的安全评估方法

区块链技术的广泛应用使得对其安全性的评估变得至关重要。安全评估是一种系统性的过程，通过检查、测量和评估区块链系统的各个方面，以发现潜在的安全风险、弱点和漏洞。本节将深入探讨区块链系统的安全评估方法，包括评估目标、评估工具、攻击模拟、合规性评估等多个方面，以帮助确保区块链系统的安全性。

（一）安全评估的基本原则

1. 综合性

安全评估应该是一个综合性的过程，覆盖区块链系统的各个层面，包括技术、人员、流程等。安全评估有助于全面了解系统整体的安全性。

2. 持续性

区块链系统的安全性是一个动态的概念，因此安全评估应该是一个持续性的过程。定期的评估和审查有助于及时发现并纠正系统中的潜在风险和漏洞。

3. 多样性

考虑到区块链系统的多样性，安全评估方法应适应不同类型的区块链，如公有链、私有链、联盟链。同时，还应考虑不同的共识算法、智能合约等因素。

（二）安全评估目标

1. 机密性

机密性是指确保区块链系统中的信息仅对授权用户可见。安全评估

需要关注数据的加密机制、身份验证过程，以及对敏感信息的访问控制。

2. 完整性

完整性是指确保区块链系统中的信息不被篡改。安全评估应关注数据在传输和存储过程中的完整性保护，以及防范潜在的篡改攻击。

3. 可用性

可用性是指确保区块链系统能够在需要时正常运行，不受恶意攻击或故障的影响。安全评估需要关注系统的抗攻击性和容错性，以确保系统的稳定性和可用性。

4. 可追溯性

可追溯性是指在区块链系统中能够追踪和审计每一笔交易和操作。安全评估需要关注系统的日志记录、审计机制，以及链上信息的可追溯性。

5. 合规性

合规性是指区块链系统遵循相关法规和标准的程度。安全评估需要考察系统是否符合适用的法规要求，以及是否满足特定行业的标准和规范。

（三）安全评估方法

1. 静态分析

静态分析是通过审查系统的设计文档、源代码、智能合约等静态信息，来评估系统的安全性。这包括对密码学实现、访问控制、智能合约漏洞等方面的分析。静态代码分析工具、合约审计工具等工具可用于支持静态分析。

2. 动态分析

动态分析是通过模拟系统的运行过程，检测系统在实际运行中可能存在的安全问题，包括对网络通信、交易处理、智能合约执行等方面的分析。动态分析可以通过模拟攻击、模糊测试等手段进行。

3. 人工审查

人工审查是通过专业安全人员的审查和分析，对系统进行全面的安全评估。这包括对系统架构、业务流程、人员权限等方面的审查。人工审查能够发现一些自动化工具难以捕捉的问题，具有高度的灵活性。

4. 攻击模拟

攻击模拟是通过模拟真实世界的攻击场景，评估系统在面对各种攻击时的防御能力。这包括模拟双花攻击、51%攻击、智能合约漏洞利用等情况。攻击模拟可以帮助评估系统的实际抗攻击能力。

5. 合规性评估

合规性评估是通过审查系统的合规性文档、制定合规性检查表，检查系统是否符合相关法规和标准要求，包括数据隐私法规、了解你的客户（KYC）要求、反洗钱（AML）规定等方面的评估。

（四）安全评估工具

1. MythX

MythX 是一款专业的以太坊智能合约安全分析工具，可用于发现合约中的漏洞和潜在风险。它通过静态分析和动态分析相结合的方式，提供全面的安全评估。

2. Securify

Securify 是另一款以太坊智能合约安全审计工具，它采用静态分析技术，通过检查智能合约的源代码，发现其中的漏洞和潜在的安全问题。Securify 具有高度自动化的特点，可以帮助开发者及早发现并修复潜在的安全风险。

3. Truffle Suite

Truffle Suite 是一组工具，主要用于以太坊智能合约的开发、测试和部署。它包括 Truffle 框架、Ganache 模拟器等工具，可以用于构建和测试安全的智能合约。

4. OpenZeppelin

OpenZeppelin 是一个以太坊智能合约的开源库，提供了一系列经过安全审计的合约组件。开发者可以使用 OpenZeppelin 的组件来构建更安全的智能合约，减少安全风险。

5. Quantstamp

Quantstamp 是一家提供区块链安全审计服务的公司，他们提供自动化的智能合约审计工具，帮助发现合约中的漏洞和潜在的攻击面。Quantstamp 还提供了区块链安全性的咨询服务。

（五）安全评估的流程

1. 规划与准备

在进行安全评估之前，需要明确评估的范围、目标和方法。这阶段包括确定评估的系统组件、合约、网络结构等，并收集相关的文档和信息。

2. 静态分析

通过静态分析工具对系统的源代码、智能合约进行检查，发现潜在的漏洞和安全问题。这一阶段的工作主要集中在审查设计文档、源代码、合约代码等。

3. 动态分析

通过模拟系统的运行过程，检测系统在实际运行中可能存在的安全问题。这包括模拟交易、模拟攻击等，以评估系统的实际运行状态。

4. 人工审查

由安全专家进行人工审查，审查系统的架构、业务流程、权限设置等。这一阶段能够发现一些自动化工具难以捕捉的问题，具有高度的灵活性。

5. 攻击模拟

模拟各种攻击场景，包括双花攻击、51%攻击、智能合约漏洞利用等。通过攻击模拟，评估系统在面对真实攻击时的抗攻击能力。

6. 合规性评估

审查系统是否符合相关法规和标准要求，包括数据隐私法规、KYC 要求、AML 规定等。确保系统在法律和行业标准方面是合规的。

7. 报告与总结

整理评估结果，生成安全评估报告。报告应包括潜在的安全风险、已发现的漏洞、建议的改进措施等信息。同时，总结评估的主要发现和建议。

8. 改进与修复

根据评估报告中的建议，开发团队应及时采取措施修复潜在的安全问题。这可能涉及代码修改、合约更新、权限调整等。

（六）安全评估的挑战与未来趋势

1. 智能合约复杂性

智能合约的复杂性是安全评估中的一个挑战。由于智能合约的复杂性和不可篡改性，一旦部署到区块链上就难以更改。因此，评估智能合约的安全性需要深入理解其业务逻辑、数据流程，以及合约与其他组件的交互。未来的趋势可能包括更智能化的合约审计工具，以处理复杂的合约结构。

2. 区块链的快速发展

区块链技术和生态系统的快速发展也带来了安全评估的挑战。新的共识机制、隐私保护技术、跨链互操作性等新特性的引入，使得评估方法需要不断更新以适应区块链的快速发展。未来，安全评估需要更加灵活和及时地跟随区块链领域的创新。

3. 区块链网络攻击复杂性

随着区块链的广泛应用，网络攻击也变得更加复杂和有组织化。攻击者可能采用更高级的技术和策略，如社交工程、供应链攻击等。安全评估需要更加全面地考虑这些威胁，并采用更强大的工具和方法。

4. 合规性要求的提高

随着对数字资产和区块链应用监管的日益加强，合规性评估的要求也在提高。未来，安全评估可能需要更加注重合规性要求，确保系统满足相关法规和标准的要求。

5. 量化安全评估

传统的安全评估主要依赖于经验和专业知识，缺乏量化的指标和标准。未来的趋势可能包括更多的量化安全评估方法，通过引入度量指标、

风险评估模型等，为决策者提供更具体的安全信息。

区块链系统的安全评估是确保系统稳定、可靠运行的关键环节。通过综合考虑静态分析、动态分析、人工审查、攻击模拟等多种评估方法，可以更全面、深入地了解系统的安全性。

面对区块链技术的快速发展和复杂性，安全评估方法也需要不断创新和提升。未来的趋势可能包括更智能化的安全工具、更全面的智能合约审计、更注重合规性的评估等方面。在不断演变的区块链生态系统中，采用全面的安全评估方法，及时发现和解决潜在的风险，将有助于推动区块链技术的可持续发展。

二、区块链标准的制定与推广

区块链技术作为一项颠覆性的创新，已经在多个领域得到广泛应用。然而，由于区块链系统的复杂性、多样性及涉及的跨界性质，为了推动其更好的发展和应用，制定和推广相应的区块链标准显得尤为重要。以下将深入探讨区块链标准的制定过程、关键领域的标准需求、标准的推广与应用等方面的内容。

（一）区块链标准的定义与重要性

1. 区块链标准的定义

区块链标准是对区块链技术和应用进行规范化的文件，包括技术规范、测试方法、术语定义、安全标准等。这些标准的制定旨在提高区块链系统的互操作性、可靠性和安全性，并促进不同系统之间的无缝集成。

2. 区块链标准的重要性

促进技术创新：区块链技术涉及多个领域，统一的标准有助于推动技术创新，降低新技术应用的门槛。

提高互操作性：区块链应用通常是复杂的生态系统，各个组件需要协同工作。标准化有助于提高系统和组件之间的互操作性，降低集成的成本和难度。

确保安全性：区块链系统涉及到大量的资产和敏感信息，制定合适的安全标准有助于降低系统受到攻击的风险，保护用户和组织的权益。

推动产业发展：通过制定和执行标准，不同企业和组织可以更好地合作，形成更大规模的区块链生态系统，促进整个产业的发展。

（二）区块链标准的制定机构

1. 国际标准化组织（ISO）

ISO 是全球最大的国际标准制定组织，致力于推动国际贸易和创新。ISO/TC 307 是 ISO 下属的一个特别技术委员会，专门负责区块链和分布式账本技术的标准制定工作。ISO 的标准通常是国际上被广泛接受的标准，具有全球性的影响力。

2. 国家标准化机构

各国都有自己的国家标准化机构，负责制定和推广国家级的标准。在区块链领域，一些国家已经着手制定相关标准，例如，中国的国家标准化管理委员会（SAC）。

3. 行业组织和协会

行业组织和协会也在积极参与区块链标准的制定工作。例如，区块链行业的协会、研究机构、企业联盟等都可以发挥重要作用。这些组织通常更了解行业内的需求，可以更灵活地推动标准的制定。

（三）区块链标准的制定过程

1. 项目提案

区块链标准的制定通常始于某个组织或机构提出一个标准项目的提案。这可能是由国家标准化机构、行业组织、企业等发起的，旨在解决某个具体领域或问题的标准需求。

2. 制定工作组的建立

一旦提案获得支持，标准制定机构会建立一个专门的工作组来负责制定标准。工作组通常由来自不同领域的专家组成，以确保标准的全面性和专业性。

3. 制定标准草案

工作组开始制定标准的草案，这可能包括技术规范、定义术语、安全要求等内容。草案的制定需要充分考虑行业的实际需求、技术发展趋势及各方的利益。

4. 公开征求意见

完成初步的标准草案拟定后，通常会向公众和相关利益方公开征求意见。这一阶段的反馈有助于发现潜在问题、纠正不足，确保标准更具普适性和可操作性。

5. 标准的修订和最终发布

根据公开征求意见的反馈，工作组会对标准草案进行修订，形成最终版本。标准经过内部审定和批准后，正式发布并开始推广和实施。

（四）关键领域的标准需求

1. 安全标准

区块链系统涉及大量的资产和敏感信息，因此安全标准是至关重要的。这包括密码学算法的选择、身份认证机制的规范、智能合约的安全编码标准等。安全标准的制定有助于防范潜在的攻击和漏洞，确保区块链系统的稳健性和可靠性。

2. 互操作性标准

区块链生态系统通常由多个参与方和组件组成，因此互操作性标准是至关重要的。这涉及到在不同区块链系统之间进行资产转移、智能合约的跨链执行等方面的标准化。互操作性标准有助于构建更加灵活和可扩展的区块链网络。

3. 数据隐私标准

数据隐私一直是区块链技术应用中的一个敏感问题。数据隐私标准应该规范用户数据的收集、存储、处理和共享，以及隐私保护技术的应用。这有助于确保用户的个人和敏感信息在区块链系统中得到充分的保护。

4. 智能合约标准

智能合约是区块链系统的关键组件之一，因此需要制定智能合约的标准，包括合约编写规范、安全审计标准、合约执行的一致性等。制定智能合约标准有助于降低合约漏洞的风险，提高合约的可维护性和可理解性。

5. 身份标识标准

区块链系统的身份标识管理对于许多应用至关重要，包括数字身份、KYC（了解你的客户）等。身份标识标准应该规范用户身份的注册、验证、管理等流程，确保身份信息的真实性和安全性。

（五）区块链标准的推广与应用

1. 教育和培训

推广区块链标准的一个重要途径是通过教育和培训。相关的培训课程和认证计划可以帮助从业人员更好地理解和应用标准，提高他们在区块链领域的专业水平。

2. 政府政策支持

政府在推广区块链标准方面扮演着关键角色。政府可以通过颁布相关政策、鼓励企业遵守标准、设立奖励机制等方式，促进标准的广泛应用。

3. 行业协作

行业组织、协会和企业联盟等组织可以通过共同制定和推广标准，形成共识，加强行业内的合作。这有助于建立更加统一和互通的区块链生态系统。

4. 案例示范

成功的案例示范对于推广区块链标准也是至关重要的。通过在一些典型项目中应用标准，展示其在提高效率、降低风险等方面的实际效果，可以更好地促进标准的应用。

5. 企业自律

企业在推广区块链标准方面也有责任和作用。通过自律机制，企业可以自觉遵守相关标准，提高整个行业的水平，增强社会对区块链技术的信心。

（六）挑战与未来趋势

1. 标准的制定周期

标准的制定通常需要相当长的时间，而区块链技术的发展速度较快。因此，标准制定机构需要更灵活的机制来适应技术的迅速演进。

2. 国际间的标准协调

由于区块链技术涉及到全球范围内的应用，国际间的标准协调变得至关重要。各国标准化机构需要加强合作，形成更统一的国际标准体系。

3. 新兴技术的标准化

随着新兴技术的不断涌现，物联网、人工智能等与区块链结合的场景增多，标准制定面临更大的挑战。未来需要更加开放、灵活的标准体系，能够容纳和适应新技术的融合。

4. 隐私保护与合规性挑战

隐私保护和合规性是区块链应用中需要考虑的重要因素。标准制定需要更加关注这些方面，确保标准的制定不仅满足技术需求，同时也能够符合相关法规和道德准则。

区块链标准的制定与推广是推动区块链技术可持续发展的重要一环。通过建立统一的标准体系，可以提高区块链系统的互操作性、安全性和可用性，推动整个行业向前发展。在标准的制定和推广过程中，各方应加强合作，充分考虑行业实际需求和未来趋势，为区块链技术的健康发展奠定基础。在未来，区块链标准的制定和推广将面临新的挑战和机遇，需要各方通力合作，不断完善标准体系，以促使区块链技术更好地为社会、产业和个体创造价值。

三、区块链安全性审计的最佳实践

区块链技术作为一项颠覆性的创新，应用广泛，但也伴随着一系列安全挑战。为了确保区块链系统的安全性和稳定性，进行全面而深入的安全性审计变得至关重要。以下将深入探讨区块链安全性审计的最佳实践践，包括审计流程、关键领域的审查要点、常见漏洞及防范策略等方面。

（一）区块链安全性审计概述

1. 审计目的

区块链安全性审计的主要目的是评估和确保区块链系统的安全性。这包括但不限于智能合约的安全、网络协议的安全、身份管理的安全等方面。审计旨在发现潜在的漏洞、弱点和恶意行为，为系统的持续发展提供安全保障。

2. 审计范围

审计的范围涵盖整个区块链系统，包括底层的区块链协议、智能合约、身份认证、网络通信等方面。在审计中需要关注区块链系统的不同层次，确保各个组成部分的安全性。

（二）区块链安全性审计流程

区块链安全性审计流程同安全评估流程，此处不再赘述。

（三）关键领域的审计要点

1. 智能合约审计

智能合约是区块链系统中的重要组成部分，也是攻击的主要目标。在智能合约审计中，需要关注以下要点。

合约逻辑漏洞：审查智能合约的逻辑是否正确，是否存在漏洞导致异常执行路径。

安全性标准遵循：检查智能合约是否符合最佳安全性实践和标准，例如，OpenZeppelin 提供的安全库。

代码注入攻击：审查合约中是否存在可能导致代码注入的漏洞，如未经处理的外部输入。

2. 区块链协议审计

区块链协议是确保整个区块链系统安全运行的基础。在协议审计中，需要关注以下要点。

共识机制安全性：审查区块链的共识机制，确保其安全性和抗攻击性。

防双花攻击机制：检查系统中是否能够有效地防止双花攻击，确保交易的不可逆性。

网络层安全性：审查网络通信是否加密，防止中间人攻击和数据泄露。

3. 身份认证和访问控制审计

身份认证和访问控制是确保只有授权用户可以访问系统资源的关键方面。审计时需要注意以下几方面。

身份验证机制：检查系统的身份验证机制，包括多因素认证、生物识别等。

访问控制策略：审查系统中的访问控制策略，确保只有授权用户可以执行特定操作。

日志记录：审查系统的日志记录机制，确保记录足够的信息以便监控和审计。日志应包括关键操作、异常事件等。

4. 数据隐私和加密审计

数据隐私和加密是区块链系统中至关重要的方面，特别是在涉及用户个人信息和敏感数据的场景。审计时需要考虑以下几方面。

数据加密：检查系统中对敏感数据的加密措施，确保数据在传输和存储时得到保护。

隐私保护：审查系统中的隐私保护机制，包括去标识化、零知识证明等技术的应用。

5. 网络安全审计

网络层的安全性对于防范各种网络攻击至关重要。在网络安全审计中，需要关注以下要点。

防御 DDoS 攻击：审查系统的抗 DDoS 攻击能力，确保系统在面对大规模流量时能够正常运行。

防范中间人攻击：检查通信是否采用加密机制，防范中间人攻击和数据篡改。

网络配置安全性：审查网络配置，确保防火墙、入侵检测系统等安全设备的正确配置。

（四）常见漏洞及防范策略

1. 智能合约漏洞

整数溢出和下溢：审查智能合约中的整数操作，使用安全库和最佳实践来处理整数溢出和下溢。

重入攻击：使用 withdraw pattern 来防范重入攻击，确保在处理转账前先更新内部状态。

未经授权的合约调用：在合约调用时进行权限检查，确保只有经过授权的合约可以调用敏感函数。

2. 区块链协议漏洞

共识机制攻击：定期审查共识机制的安全性，更新系统以应对新的攻击手段。

双花攻击：使用合适的防双花机制，例如，等待多个确认块的时间来确保交易的不可逆性。

网络攻击：实施防火墙、入侵检测系统等网络安全措施，降低网络攻击的风险。

3. 身份认证和访问控制漏洞

密码弱点：强制用户使用复杂的密码，实施多因素认证以提高身份验证的安全性。

未经授权的访问：审查系统的访问控制策略，确保只有授权用户可以执行敏感操作。

会话管理漏洞：定期检查会话管理机制，防范会话劫持等攻击。

4. 数据隐私和加密漏洞

数据泄露：采用端到端加密、零知识证明等技术，防止数据在传输和存储过程中的泄露。

隐私侵犯：合规审查，确保系统符合相关隐私法规，并在设计中考虑用户隐私。

5. 网络安全漏洞

DDoS 攻击：使用 CDN、反向代理等服务来缓解 DDoS 攻击，确保系统在受攻击期间仍能正常运行。

中间人攻击：使用 HTTPS 等加密通信协议，防止中间人攻击和数据篡改。

网络配置漏洞：定期审查网络配置，确保防火墙、安全设备的正确配置。

（五）持续改进与学习

区块链系统的安全性审计是一个持续不断的过程。团队应该定期进行审计，及时修复发现的漏洞，并持续学习新的安全威胁和防范措施。建立安全文化，加强团队成员的安全意识培训，确保他们了解最新的安全最佳实践和攻击手段。

区块链技术的广泛应用带来了更多的机会和挑战，而安全性审计则成为确保区块链系统可信、安全运行的必要步骤。通过实施上述最佳实践，可以有效地发现并缓解潜在的安全风险，提高系统的整体安全性。

总体而言，区块链安全性审计的成功执行需要多方面的专业知识，包括区块链技术、智能合约编程、网络安全等。团队成员应该具备全面的专业技能和丰富的行业经验，并在审计过程中紧密合作，确保对系统的全面审查。

随着区块链技术的不断发展和演进，安全性审计也将面临新的挑战。因此，持续不断地学习和更新知识、紧跟技术的最新发展，是确保安全性审计持续有效的关键。

最终，通过采用全面的安全性审计流程、关注关键领域的审查要点、及时修复漏洞，并持续改进和学习，区块链系统的安全性将得到有效的保障，为用户和参与者提供一个可信赖的环境。

第三章

区块链在金融领域的应用

第一节　区块链与加密货币

一、比特币的基本原理

比特币是一种去中心化的数字货币，由中本聪在2008年提出，并于2009年正式发布。它基于区块链技术，通过去中心化的共识机制实现了点对点的价值交换。本部分将深入探讨比特币的基本原理，包括区块链、工作证明、挖矿、交易过程等方面。

（一）区块链技术及工作证明

比特币的核心技术是区块链，它是一个分布式、不可篡改的账本，记录了所有的比特币交易。区块链采用链式结构，每个区块包含了一定数量的交易信息，而且每个区块都包含了前一个区块的哈希值，形成了一个不可逆的链。

共识机制是区块链中确保节点之间达成一致的组成部分。比特币采用的共识机制是工作证明，它是一种通过解决数学难题来证明参与者在网络中进行了一定的工作的机制。在比特币中，这个数学难题是找到一

个特定的哈希值，使得区块头的哈希值小于目标值。这个过程被称为挖矿。

1. 挖矿的过程

挖矿是比特币网络中参与者通过解决数学难题来添加新区块的过程。挖矿节点首先将待处理的交易打包成一个区块，然后开始尝试找到符合条件的哈希值。由于哈希函数的特性，只能通过不断尝试来找到符合条件的哈希值，这需要大量的计算能力。

2. 难度调整

为了维持比特币区块产生的平均时间在约 10 分钟，系统会根据前一个时段内挖矿节点的算力调整挖矿的难度。如果算力增加，系统会相应地增加难度，使得挖矿变得更加困难；如果算力减小，系统会相应地降低难度，使得挖矿变得更容易。

3. 挖矿的奖励

成功找到符合条件的哈希值的节点将获得一个奖励，包括新发行的比特币和交易费用。这个过程不仅用于新比特币的发行，也用于确认交易并维护整个网络的安全性。

（二）比特币交易

比特币交易是比特币系统的核心操作，它通过数字签名技术确保交易的真实性和完整性。每个比特币交易都包含了输入和输出，输入的是从之前的交易中获得的比特币，输出的是新的比特币地址和金额。

1. 数字签名

比特币交易使用数字签名来验证发送者的身份。发送者使用自己的私钥对交易进行签名，而其他用户可以使用发送者的公钥来验证签名的有效性。这确保了交易的真实性和完整性。

2. 未花费交易输出模型

比特币使用未花费交易输出（Unspent Transaction Output，UTXO）

模型来跟踪比特币的所有权。每个交易的输出都变成了下一个交易的输入，而每个输入必须引用之前的输出。这种模型使得每个比特币都可以追溯到其创建的交易。

3. 区块链浏览器

为了方便用户查看比特币的交易记录，出现了区块链浏览器。区块链浏览器允许用户查看比特币网络上的所有交易和区块信息，以及特定地址的余额和交易历史。

（三）比特币的发行总量

比特币的总发行量被设定为 2 100 万枚，这是通过挖矿奖励逐渐减半的方式实现的。初始时，挖矿奖励为 50 比特币，然后每 210 000 个区块（约 4 年）减半一次。目前，挖矿奖励为 6.25 比特币。

1. 挖矿奖励和减半

挖矿奖励的逐渐减半旨在模拟黄金开采的稀缺性，同时也为比特币的通货紧缩性奠定基础。这一特性使比特币具有预测货币发行的功能，使其更类似于黄金等有限资源。

2. 奖励减半对供应的影响

随着挖矿奖励的减半，新比特币的产量逐渐减少，但由于比特币的总供应是有限的，预计挖矿将在 2140 年左右停止。这种有限供应的设计增强了比特币的稀缺性，因此一些人将其比作“数字黄金”。

（四）比特币的安全性与去中心化

1. 去中心化的优势

比特币的去中心化是其关键特点之一。这意味着没有中央机构掌控整个系统，也没有单一点容易成为攻击目标。去中心化架构增强了比特币的抗审查性、抗封锁性，同时降低了单点故障的风险。

2. 攻击的难度

比特币的区块链使用了强大的加密技术，使得攻击者很难篡改交易或者执行双重花费。工作证明机制和分布式共识机制增加了攻击的难度，

需要较高的计算能力才能对系统进行攻击。

3. 比特币网络的弹性

比特币网络的弹性体现在其能够抵御各种攻击和威胁，保持稳定运行。即使某一部分节点被攻击或者下线，其他节点仍能够保持网络的完整性。这种弹性使得比特币系统对于外部干扰具有一定的抵抗力。

（五）比特币的挑战与未来展望

1. 扩容挑战

比特币面临的一个主要挑战是扩容问题。由于每个区块的大小有限，处理的交易数量受到限制，导致交易确认时间延长和交易费用上涨，需要对比特币扩容的技术和方案进行不断的研究和探索。

2. 环境影响

比特币挖矿需要大量的计算能力，这导致了对电力资源的高度需求。一些人关注比特币挖矿对环境的潜在影响，特别是在使用非可再生能源的情况下。因此，研究和采用更环保的挖矿技术成为了一个重要议题。

3. 法规和合规性

比特币的法规和合规性问题也备受关注。不同国家对于比特币的法律地位和监管态度存在差异，而这种不确定性可能对比特币的发展和应用产生影响。加强国际合作，建立更为明确的法规框架，有助于比特币更好地融入传统金融体系。

4. 技术升级

比特币网络的技术升级是一个不断进行的过程。通过提案和共识机制，比特币社区可以推动网络的改进和升级，以适应不断变化的技术需求和用户期望。

比特币的基本原理建立在区块链技术、工作证明机制和去中心化的基础上。作为一种数字货币，比特币通过分布式共识机制实现了点对点的价值交换，具有安全、透明和不可篡改的特性。然而，它也面临着扩容、环境影响、法规合规等一系列挑战。

随着技术的不断发展和社会对数字货币的认知不断提高，比特币作为一种创新的金融工具将继续在未来发挥重要作用。通过持续的技术创新和合作，比特币有望在未来的金融领域取得更多的突破。

二、区块链在加密货币中的应用

加密货币是一种基于密码学技术和去中心化网络的数字资产，而区块链技术则是加密货币得以实现和运行的关键基础。以下将深入探讨区块链在加密货币中的应用，包括其在加密货币发行、交易、安全性和去中心化等方面的关键作用。

（一）区块链在加密货币发行中的应用

1. 初步代币发行

区块链技术为加密货币的发行提供了一种去中心化、透明和安全的方式。通过智能合约，发行者可以创建自己的代币，这为创业者提供了一种新兴的资金筹集方式，即初始代币发行（Initial Coin Offering，ICO）。

ICO 通过在区块链上发行代币，向投资者出售这些代币，从而筹集资金用于项目开发。区块链确保了 ICO 的透明性，使投资者能够追踪募集到的资金的使用情况，从而提高了募资过程的信任度。

2. 链上代币标准

区块链中的代币标准是一种协议，规定了如何在区块链上创建和管理代币。最著名的代币标准之一是以太坊的 ERC－20 标准。ERC－20 定义了一组规则，使得不同的代币可以在以太坊网络上兼容。这种标准化使得代币的创建和交易变得更加简单和互操作。

3. 去中心化金融

区块链为去中心化金融（DeFi）提供了基础。DeFi 是一种利用区块链技术构建的金融服务，旨在去除传统金融体系中的中间人。通过智能合约，DeFi 项目提供了各种金融服务，如借贷、交易、稳定币发行等，而这一切都在去中心化的基础上进行，不需要传统金融机构的参与。

（二）区块链在加密货币交易中的应用

1. 分布式账本

区块链技术的分布式账本特性使得加密货币交易记录具有高度的透明性和不可篡改性。每个交易都被记录在区块中，并通过哈希值与前一区块相连接，形成一个不断增长的链。这种结构确保了交易记录的完整性，任何人都可以查看、验证和追溯交易历史。

2. 快速和低成本的跨境支付

传统跨境支付通常需要中介机构的参与，导致费用较高、处理时间较长。而区块链技术的应用使得加密货币在跨境支付中具有独特的优势。通过使用加密货币，用户可以实现快速、安全和低成本的国际支付，而无需依赖传统的金融中介。

3. 去中心化交易所

加密货币交易所是进行数字资产买卖的平台，而去中心化交易所采用区块链技术，允许用户直接在区块链上进行交易，而无需信任中介机构。这种去中心化的特性增加了交易的透明度和用户对资产的控制权，减少了中心化交易所发生的风险。

（三）区块链在加密货币安全性中的应用

1. 去中心化安全机制

传统金融系统中，安全性主要依赖于中央机构的保护措施。而区块链采用去中心化的共识机制，如工作证明或权益证明，通过网络中多个节点的共同验证来确保系统的安全。这种分布式的安全机制降低了单点故障的风险。

2. 智能合约的安全性

智能合约是一种在区块链上自动执行的合约，其安全性至关重要。区块链技术为智能合约的安全提供了一系列技术手段，如代码审计、多重签名等。但智能合约仍然面临一些安全挑战，例如，漏洞和攻击，因此在开发和使用智能合约时需要谨慎。

3. 防双花攻击

双花攻击是指在区块链网络中同一笔资产被多次使用的情况。区块链采用分布式共识机制来防范双花攻击。通过确认每一笔交易并将其记录在不可篡改的区块链上，保证同一笔资产不能被多次使用。这种特性在加密货币的安全性中起到了关键的作用。

4. 区块链隐私保护

虽然区块链上的交易记录是公开的，但为了保护用户的隐私，一些加密货币采用了隐私保护技术。其中之一是使用零知识证明来验证某个声明的真实性，而无需揭示具体的信息。这使得用户可以在区块链上进行匿名交易，同时确保交易的有效性。

（四）区块链在加密货币去中心化中的应用

1. 分布式共识机制

区块链采用分布式共识机制，例如，工作证明（PoW）和权益证明（PoS），来取代传统金融系统中的中央机构。这种去中心化的共识机制使得权力更加分散，避免了单一机构对整个系统的控制，增加了系统的可信度和透明度。

2. 防范审查和封锁

在一些国家，政府对金融交易进行审查和封锁是一种常见的做法。加密货币的去中心化特性使得这种审查和封锁变得更为困难。用户可以通过加密货币进行点对点交易，无需通过传统金融机构，从而保护其财务隐私。

3. 用户控制权

传统金融系统中，用户对于其资产和交易的控制较为有限，需要依赖银行等中介机构。而区块链技术赋予用户更多的控制权，用户可以拥有自己的私钥，完全掌控其加密货币资产。这种去中心化的控制权增加了用户的安全感和自主性。

4. 无需信任的交易

区块链中的智能合约和去中心化交易所使得交易可以在不需要信任

中介的情况下进行。这种无需信任的交易方式消除了中介方的风险，同时降低了交易的成本和复杂性。

（五）未来展望和挑战

1. 未来展望

区块链在加密货币中的应用为金融系统带来了革命性的变化，未来仍有许多发展空间。随着技术的进步，可能会涌现出更高效、更安全的区块链解决方案。同时，随着对数字资产认知的提高，加密货币有望在全球范围内更广泛地被接受和应用。

2. 面临的挑战

尽管区块链在加密货币中的应用带来了许多优势，但仍然面临一些挑战。扩容问题、能源消耗、法规不确定性等都是当前亟待解决的难题。同时，加密货币的价格波动、安全性问题也是需要持续关注的方面。

区块链在加密货币中的应用推动了金融系统的变革，为用户提供了更去中心化、透明和安全的交易方式。从发行到交易再到安全性和去中心化，区块链技术在各个层面都发挥着关键的作用。尽管面临一些挑战，但区块链和加密货币有望在未来继续发展，为全球金融体系带来更多创新和机遇。

三、加密货币市场的发展与趋势

加密货币市场作为金融领域中的一支新兴力量，经历了令人瞩目的发展历程。从比特币的诞生到各种新型数字资产的涌现，加密货币市场已经成为全球金融体系中备受关注的一部分。以下将深入探讨加密货币市场的发展历史、当前状况及未来可能的趋势。

（一）加密货币市场的发展历史

1. 比特币的兴起

比特币的出现标志着加密货币市场的开端。中本聪在 2008 年提出比特币的概念，并于 2009 年正式发布。比特币采用去中心化的区块链技术，通过工作证明共识机制实现了点对点的价值传输。比特币的成功给人们带来了数字货币有无限可能性的启示，也激发了更多创新者的兴趣。

2. 代币经济的崛起

比特币的成功催生了更多的加密货币项目。以太坊在 2015 年推出了智能合约功能，为代币发行和去中心化应用的兴起提供了基础。以太坊的代币标准 ERC-20 成为了众多代币的发行基准，促使了代币经济的形成。初始代币发行作为一种筹资方式开始盛行，项目可以通过发行代币来募集资金。

3. 去中心化金融的崛起

近年来，去中心化金融在加密货币市场中崭露头角。DeFi 项目利用智能合约提供各种金融服务，包括借贷、交易、稳定币发行等，而这些服务不依赖传统金融机构，实现了更加开放和无权限的金融体系。

4. 非同质化代币的火爆

非同质化代币（NFT）是代表数字资产的一种标准，每个代币都是独一无二的，可用于代表数字艺术品、虚拟地产、游戏道具等。NFT 的兴起为数字创作者提供了全新的收入来源，同时也推动了数字资产的交易和投资市场。

（二）当前加密货币市场状况

1. 市值和市场份额

加密货币市场规模不断扩大。截至目前，市值最大的加密货币仍然是比特币，其市值占据整个加密货币市场的相当比例。此外，以太坊、波卡、卡尔达诺等项目也在市值排行榜上占据重要位置。总体而言，加密货币市场已经成为全球金融市场中不可忽视的一部分。

2. 交易量和流动性

随着加密货币市场的成熟，交易量和流动性得到了显著提高。主流交易所如 Binance、Coinbase、Kraken 等成为全球用户进行数字资产交易的主要场所。同时，衍生品市场如期货和期权市场的发展也为投资者提

供了更多的交易工具。

3. 政府法规和监管

加密货币市场在全球范围内面临着不同程度的政府法规和监管。一些国家采取积极态度，推动加密货币市场的发展和创新，而另一些国家则对其持保守态度或实施更为严格的监管措施。这种不同的法规环境对加密货币市场产生了一定的影响。

4. 安全性和风险

加密货币市场的安全性一直是关注的焦点。尽管区块链技术本身具有强大的安全性，但一些交易所、智能合约和项目仍然可能受到攻击。投资者需要注意安全措施，采取必要的措施来保护其数字资产。

（三）未来加密货币市场的趋势

1. 中心化与去中心化的平衡

未来加密货币市场可能会在中心化和去中心化之间找到更好的平衡。去中心化技术为用户提供了更大的控制权和更好的隐私保护，但中心化交易所和项目在提供更好的用户体验和流动性方面仍然具有优势。未来市场可能会看到这两者的结合，形成更加完善的生态系统。

2. 法规合规的发展

加密货币市场在未来可能会更加注重法规合规的发展。随着监管环境的逐渐明确，合规性将成为投资者和项目方更为关注的问题。合规性的提升有望吸引更多机构投资者的参与到加密货币市场中来，同时也能够减少市场的不确定性，促使更多的项目符合法规要求。

3. 加密货币与传统金融的融合

未来，加密货币有望与传统金融系统更加紧密地融合。一些国家的央行已经在研究和试验央行数字货币（CBDC），旨在利用区块链技术发行数字法定货币。同时，传统金融机构也在探索如何将区块链技术应用于支付、结算和资产管理等领域。这种融合有利于数字资产的广泛采用，推动加密货币市场的发展。

4. 更广泛的应用场景

除了金融领域，加密货币有望在更广泛的应用场景中发挥作用。区块链技术的特性，如去中心化、透明和安全，使其在供应链管理、身份验证、投票系统等领域具有潜在应用。未来加密货币可能不仅是金融工具，更可能成为推动社会进步的基础设施。

5. 技术创新和升级

随着技术的不断发展，加密货币市场可能会涌现出更多的技术创新和升级。例如，新一代的区块链技术、共识机制的优化、隐私保护技术的提升等都有望为市场带来新的发展方向。这种技术创新有望提高整个加密货币市场的效率、安全性和可用性。

（四）加密货币市场的挑战

1. 法规不确定性

加密货币市场面临着全球各地法规不确定性的挑战。不同国家对加密货币的法规态度不一，有的采取积极的监管政策，有的持保守观点。这种不确定性可能阻碍市场的发展，使得投资者和项目方难以预测未来市场环境。

2. 安全性和隐私问题

尽管区块链技术本身具有较高的安全性，但在实际应用中，仍然存在一些安全隐患，智能合约的漏洞、交易所的被盗、用户隐私泄露等问题时有发生。随着市场规模的扩大，安全性和隐私问题将成为需要持续关注和解决的挑战。

3. 市场波动性

加密货币市场以其高度波动的特性而闻名。价格的大幅波动可能导致投资者的收益快速波动，同时也加大了市场的不确定性。对于长期投资者和机构投资者而言，市场波动性可能是一个阻碍其参与的因素。

4. 技术难题

一些关键的技术难题仍然存在，例如，扩容问题、交易速度、能源消耗等。这些问题的解决需要更多的研究和技术创新，以提升整个加密

货币市场的性能和可扩展性。

加密货币市场经历了令人瞩目的发展历程，从比特币的诞生到代币经济的崛起，再到去中心化金融和非同质化代币的兴起。当前市场规模不断扩大，交易量增加，但同时也面临着一系列的挑战，包括法规不确定性、安全性问题、市场波动性等。

未来，加密货币市场有望在法规合规、技术创新、应用场景拓展等方面取得更多进展。同时，市场参与者需要认识到市场的不确定性和风险，采取相应的风险管理策略。加密货币市场的发展将在全球金融体系中继续发挥重要作用，为数字资产的广泛应用和创新提供新的可能性。

第二节　区块链在支付与清算领域的应用

一、区块链的分布式支付系统

区块链技术作为一种分布式账本技术，已经引起了金融领域的广泛关注。其中，分布式支付系统是区块链技术的一个重要应用之一。本节将深入探讨区块链的分布式支付系统，包括其基本原理、优势、挑战及未来发展方向。

（一）区块链分布式支付系统的基本原理

1. 区块链基础概念

区块链是由一系列区块组成的分布式账本，每个区块包含了交易信息、时间戳，以及前一区块的哈希值。区块链的分布式本质意味着数据存储在多个节点上，而不是集中在单一中心化的服务器上。

2. 智能合约

智能合约是一种在区块链上执行的自动化合约，其中包含了预定的规则和条件。当满足特定条件时，智能合约将自动执行，无需中介或信任第三方。

3. 分布式共识机制

区块链网络通过共识机制来验证和确认交易。常见的共识机制包括工作量证明和权益证明。这些机制确保了网络的安全性和一致性，使得恶意行为变得更加困难。

4. 去中心化特性

区块链的去中心化特性意味着没有单一的控制点，每个参与者都有权参与网络的决策和维护。

（二）区块链分布式支付系统的优势

1. 去信任化

由于区块链的智能合约和共识机制，支付系统无需依赖传统的信任机构。参与者可以在不信任对方的情况下进行安全交易。

2. 低成本和高效率

区块链支付系统省去了传统金融中介的需求，降低了交易成本。同时，去中心化和智能合约使得交易处理更加高效，尤其是在国际支付领域。

3. 安全性

由于区块链的分布式本质和密码学技术的应用，支付系统在安全性方面具有较高水平。每笔交易都经过加密和验证，降低了欺诈和篡改的风险。

4. 透明度和可追溯性

区块链中的所有交易都是公开可查的，任何人都可以查看和验证交易记录。这提高了系统的透明度，并使得交易过程具有可追溯性。

（三）区块链分布式支付系统的挑战

1. 扩展性问题

目前一些公有区块链网络的扩展性问题仍然存在，导致交易速度较慢和交易费用较高。解决这一问题需要持续的技术升级和创新。

2. 法律和监管挑战

区块链支付系统涉及跨境支付和数字资产管理，因此需要适应不同国家和地区的法律和监管环境。这可能是一个复杂而严峻的挑战。

3. 隐私问题

虽然区块链技术本身提供了高度的安全性，但在一些应用场景中，用户可能对隐私保护问题感到担忧。解决隐私问题需要在技术和法律层面找到平衡。

4. 新技术风险

区块链技术仍然在不断发展，新技术的引入可能带来一些未知的风险。系统的稳定性和安全性需要与技术创新同步升级。

（四）未来发展方向

1. 跨链技术

跨链技术可以解决不同区块链网络之间的互操作性问题，促进更广泛合作。

2. 中心化和去中心化的平衡

未来支付系统可能会在中心化和去中心化之间找到更好的平衡，以满足不同用户和企业的需求。

3. 隐私保护技术

随着对隐私关注的不断增加，新的隐私保护技术将得到更广泛的应用，以确保用户的个人信息得到有效保护。

4. 法规合规标准

随着区块链支付系统的发展，相关的法规和合规标准将逐步完善，以促进行业的健康和可持续发展。

区块链的分布式支付系统在去中心化、高效率和安全性方面具有显著优势，但仍面临一系列挑战。随着技术的不断创新和发展，以及法规环境的逐步完善，区块链支付系统有望在未来成为金融领域的重要组成部分。然而，为了实现这一目标，行业需要共同努力，解决技术、法规、隐私和其他方面的问题。

二、清算与结算的区块链革命

清算与结算是金融领域中不可或缺的环节，它涉及到交易的最终确认和资金的最终流转。传统的清算与结算系统通常面临着复杂性、高成本、潜在的风险，以及处理速度较慢等问题。区块链技术的崛起为清算与结算领域带来了革命性的变革。以下将深入探讨区块链在清算与结算方面的应用，包括其基本原理、优势、挑战，以及对金融行业的影响。

（一）区块链在清算与结算中的基本原理

1. 区块链的去中心化特性

区块链是一个去中心化的分布式账本系统，其中的每个节点都拥有完整的账本副本。这使得清算与结算过程不再依赖于中心化的机构，而是通过网络上的多个节点来完成。

2. 智能合约的应用

区块链中的智能合约是一段自动执行的代码，它可以根据预定的规则和条件执行合同。这种智能合约的存在使得清算与结算过程更加自动化、透明和高效。

3. 去信任的交易

区块链通过加密技术和共识机制确保了交易的安全性和可靠性，从而在清算与结算过程中建立了去信任的环境。参与者无需相互信任，而是依赖于数学和密码学的验证进行交易。

4. 分布式共识机制

区块链网络中的节点通过共识机制一致地验证和确认交易，保证了整个系统的一致性。常见的共识机制包括工作量证明、权益证明等。

（二）区块链在清算与结算中的优势

1. 实时结算

传统金融系统中，结算通常需要花费数天的时间，而区块链的去中

心化和智能合约使得结算几乎可以实时完成，极大提高了资金流动性。

2. 降低成本

区块链去除了中间商和冗余环节，减少了清算与结算的相关费用。同时，由于智能合约的存在，自动化的执行也降低了操作成本。

3. 可追溯性和透明度

区块链的分布式账本确保了每笔交易都是可追溯和透明的。任何参与者都可以查看和验证交易记录，增加了整个系统的透明度。

4. 防篡改性

由于区块链的数据存储方式和加密技术，交易记录几乎不可能被篡改。这降低了欺诈和错误的可能性，提高了清算与结算的可信度。

（三）区块链在清算与结算中的挑战

1. 扩展性问题

一些公有区块链网络在面临大规模交易时可能面临扩展性问题，导致交易速度下降和交易费用上升。解决这一问题需要不断的技术创新。

2. 法规和合规问题

金融行业是受到严格监管的行业，区块链的去中心化特性可能与一些国家和地区的法规要求不符。因此，需要制定符合法规和合规要求的解决方案。

3. 隐私问题

在清算与结算过程中，涉及到大量的交易和资金流动信息，如何在保障隐私的前提下完成结算，是一个亟需解决的问题。

4. 技术标准不一

目前，区块链领域的技术标准尚未完全统一，不同的区块链系统可能采用不同的标准和协议。这导致了系统集成和互操作性方面的挑战。

（四）区块链在清算与结算中的未来发展方向

1. 跨链技术

跨链技术可以使得不同区块链网络之间能够进行更加高效和无缝的

交互，从而提高整个清算与结算系统的灵活性和可扩展性。

2. 中心化与去中心化的平衡

未来清算与结算系统可能会在中心化和去中心化之间找到更好的平衡，以满足不同金融机构和市场参与者的需求。

3. 数字货币的整合

随着中央银行数字货币的兴起，将数字货币与区块链清算系统整合，有望为金融体系提供更为高效和创新的解决方案。

4. 高级隐私保护技术

未来的区块链清算系统可能会采用更高级的隐私保护技术，以平衡透明度和用户隐私的需求。

区块链技术在清算与结算领域的应用为金融体系带来了巨大的变革，通过去中心化、实时结算、降低成本等优势，为传统的清算与结算系统带来了更高效、透明和安全的解决方案。然而，随着这一变革的推进，也带来了一系列挑战，包括技术层面的问题、法规合规的考虑，以及隐私保护等方面的挑战。

未来，区块链在清算与结算领域的发展方向将更加注重技术创新、标准的统一法规的合规性，以及用户隐私的保护。跨链技术的发展将有助于实现不同区块链网络之间的互操作性，从而提高整个系统的效率和灵活性。与此同时，中心化和去中心化的平衡将成为未来发展的关键，以满足不同金融机构和监管机构对系统稳定性和监管要求的需求。

数字货币的崛起也将为清算与结算系统带来新的可能性。中央银行数字货币的整合可以为传统金融体系提供更加高效和创新的支付解决方案，同时推动数字货币在日常生活中的广泛应用。

在未来的发展中，金融机构、技术公司、监管机构和用户将需要共同努力，推动区块链在清算与结算领域的应用，解决现有系统中存在的问题，实现金融体系的数字化和智能化。这将不仅能够推动金融行业的创新，还有望为全球范围内的金融交易提供更加安全、高效和可信赖的基础设施。

三、中央银行数字货币与区块链支付

中央银行数字货币和区块链支付是近年来在金融领域备受关注的两大重要话题。CBDC 代表了传统金融体系数字化的一大趋势，而区块链支付作为区块链技术的一项应用，为支付领域带来了颠覆性的变革。以下将深入探讨中央银行数字货币与区块链支付的关系、各自的优势、应用场景、挑战，以及未来发展趋势。

（一）中央银行数字货币

1. CBDC 的定义

CBDC 是由中央银行发行的数字形式的官方货币。与传统的纸币和硬币不同，CBDC 存在于电子化的形态，是中央银行数字化货币政策的产物。CBDC 可以分为两种类型：零售 CBDC 和批发 CBDC。

2. CBDC 的发行原理

CBDC 的发行由中央银行负责，它与传统货币一样由政府支持，具有法定货币的地位。发行 CBDC 的目的包括提高支付效率、减少黑市交易、促进金融包容性，以及更好地监管货币供应。

3. CBDC 的优势

支付效率高：CBDC 可以实现实时结算，加速交易的清算和结算过程。

金融包容性：CBDC 有望使更多人能够参与到正规金融体系中，尤其是那些无法获得传统银行服务的人群。

反洗钱和反恐怖融资监管：由于 CBDC 的可追溯性，中央银行可以更有效地监管和防范非法活动。

（二）区块链支付

1. 区块链支付的基本原理

区块链支付是利用区块链技术进行支付的支付方式，通常涉及去中心化的数字货币，例如，比特币或以太坊。交易记录被加密并存储在分布式账本中，通过智能合约等技术实现自动化执行。

2. 区块链支付的优势

去中心化：区块链支付无需传统金融机构的中介，直接由网络上的节点完成交易确认，降低了交易成本并提高了效率。

快速结算：区块链支付能够实现实时结算，特别在跨境支付领域具有显著优势。

安全性：区块链的加密技术和共识机制提高了支付的安全性，减少了欺诈风险。

全球可用性：区块链支付不受地域限制，有助于促进全球贸易和金融活动。

（三）CBDC 与区块链支付的关系

1. CBDC 的发展与区块链技术

虽然 CBDC 是数字形式的官方货币，但并不一定基于区块链技术。许多国家选择采用传统的中心化数字账户系统来实现 CBDC，而非使用区块链。然而，也有国家在研究和实践中将 CBDC 与区块链技术相结合。

2. 区块链支付与数字货币

区块链支付通常与去中心化的数字货币相关，例如，比特币。与 CBDC 不同，这些数字货币并非由中央银行发行，而是由网络上的节点进行挖矿等方式产生。因此，区块链支付和数字货币更强调去中心化和用户自治。

3. CBDC 与区块链支付的整合

一些国家考虑将 CBDC 与区块链支付相结合，以兼顾中央银行的发行权威和区块链的分布式特性。这种整合可能带来更高效、安全和透明的支付系统，同时保留中央银行对货币政策的控制。

（四）CBDC 与区块链支付的应用场景

1. CBDC 的应用场景

零售支付：CBDC 可用于个人和企业之间的日常交易，取代现金支付。

跨境支付：CBDC 的实时结算特性有望改善跨境支付体验，降低交易成本。

金融包容性：CBDC 有助于增加无银行账户的人们参与金融体系的机会。

2. 区块链支付的应用场景

无银行账户支付：区块链支付可以使那些无法获得传统银行账户的人们进行支付。

跨境支付：区块链支付能够提供更快速、透明和低成本的跨境支付服务。

智能合约支付：利用区块链上的智能合约，可以实现自动化的支付和合同执行。

（五）CBDC 与区块链支付的挑战

CBDC 和区块链支付在实现各自优势的同时，也面临一些共同的挑战，具体如下。

1. 安全与隐私问题

CBDC 与区块链支付的安全性是一个很重要的问题。尽管区块链技术可以确保交易记录不被篡改，但仍然需要加强对 CBDC 交易的防伪和防篡改能力，以防止虚假交易和恶意攻击。

2. 技术标准与互操作性

CBDC 的发展和区块链支付的推广涉及到技术标准的制定和互操作性的问题。尚未统一的技术标准可能导致不同系统之间的集成困难，限制了它们的广泛应用。

3. 隐私和合规性

CBDC 和区块链支付都需要在保障用户隐私的前提下遵循法规和合规标准。特别是在涉及个人身份信息和交易数据时，需要找到一种平衡，既保护隐私，又符合法规。

4. 用户接受度

CBDC 和区块链支付的广泛应用还需要面对用户接受度的挑战。用户对于数字货币和区块链技术的理解程度、信任度及使用习惯都会影响其接受程度。

5. 安全性与防范风险

虽然区块链技术本身在安全性方面有一定优势，但依然需要防范网络攻击、欺诈行为及技术缺陷。中央银行在推动 CBDC 时也需注意安全性的问题，防范潜在的风险。

（六）未来发展趋势

1. 中心银行数字货币的推广

随着各国中央银行对 CBDC 的研究和实验的不断深入，未来中央银行数字货币有望在全球范围内得到更广泛的推广。CBDC 将在零售和批发支付、跨境交易等方面发挥更大的作用。

2. 区块链支付的商业应用

区块链支付技术将在商业领域得到更广泛的应用，特别是在跨境贸易、供应链金融、智能合约执行等方面。各行业将更积极地探索如何利用区块链支付优势来提高效率和降低成本。

3. 跨境支付的改善

CBDC 和区块链支付的结合有望改善跨境支付体验，加速清算与结算过程，降低跨境交易的成本。这对于促进国际贸易和金融合作具有重要意义。

4. 法规环境的演进

CBDC 和区块链支付的成功发展还取决于法规环境的适应性。各国需要制定相关的法规和政策，以保障数字货币的合法性和用户权益，推动其健康发展。

5. 技术创新的驱动

CBDC 和区块链支付的未来发展将受益于技术创新。随着区块链技术和加密技术的不断进步，将有更多的可能性被发掘，发展更高效、更安全的支付体系。

中央银行数字货币和区块链支付代表了金融领域数字化的重要趋

势。CBDC 作为官方货币的数字形式，由中央银行发行，旨在提高支付效率、促进金融包容性和加强监管力度。区块链支付具有去中心化、快速结算、安全性等优势，为传统支付体系带来颠覆性的改变。

尽管 CBDC 和区块链支付有各自的应用场景和发展方向，但它们也存在一些共同的挑战，如安全性、隐私问题、技术标准等。未来，通过技术创新、法规环境的适应性和用户接受度的提高，CBDC 和区块链支付有望在全球范围内得到更广泛的推广和应用，推动整个金融体系的数字化和智能化发展。

第三节　区块链在智能合约与金融衍生品交易中的应用

一、区块链智能合约在金融中的应用

（一）概述

区块链技术的崛起为金融行业带来了革命性的变革，而智能合约作为区块链的核心功能之一，更是在金融领域展现了强大的应用潜力。智能合约是一种基于区块链的自动执行合同的计算机程序，其代码在合同达成时执行，无需中介机构的参与。以下将深入探讨区块链智能合约在金融中的应用，包括其基本原理、优势、具体应用场景及未来发展趋势。

（二）区块链智能合约的基本原理

1. 智能合约定义

智能合约是一段存储在区块链上的计算机程序，其目的是在满足预定条件时自动执行合同条款。这些合同以代码的形式存在，被存储在区

块链上，确保了透明性和不可篡改性。

2. 工作原理

触发条件：智能合约的执行是基于特定的触发条件。当满足这些条件时，合约自动执行，实现合同条款的自动化。

分布式存储：智能合约的代码和执行结果被存储在区块链的分布式账本上，确保了数据的透明性和可追溯性。

不可篡改性：由于区块链的去中心化和加密特性，智能合约的代码是不可篡改的，一旦部署，无法被修改。

（三）区块链智能合约的优势

1. 无需信任的执行

智能合约的执行是基于区块链网络的共识机制，无需信任中介机构。这降低了信任成本，减少了欺诈和错误的可能性。

2. 透明性和可追溯性

智能合约的代码和执行结果都被存储在区块链上，所有参与者都可以查看和验证。这提高了交易的透明性和可追溯性。

3. 自动化执行

一旦部署智能合约的代码，会在满足触发条件时自动执行，无需人为干预。这提高了合同执行的效率，减少了人为错误的可能性。

4. 降低成本

通过去除中介机构、减少人工干预和提高效率，智能合约可以显著降低交易和合同执行的成本。

（四）区块链智能合约在金融中的具体应用场景

1. 债务融资

智能合约可以用于自动化债务融资过程。当满足特定条件，例如，某项指标达到预定值，智能合约可以自动执行借款和还款操作，无需人为介入。

2. 跨境支付

在跨境支付领域，智能合约可以加速和简化结算过程。当满足特定条件，如收到特定数量的货物，智能合约自动执行支付，避免了传统跨境支付中复杂的中介流程。

3. 保险合同

智能合约可以用于自动化保险合同的执行。当发生事故或满足特定条件时，智能合约自动执行理赔或赔付，减少了保险公司的人工干预并加速了理赔过程。

4. 股票交易

智能合约可以用于自动化股票交易。在达到特定条件时，例如，特定价格或时间点，智能合约可以自动执行股票买卖操作，提高了交易的效率。

5. 去中心化金融

智能合约是去中心化金融生态系统的核心。DeFi 项目利用智能合约提供各种金融服务，包括借贷、稳定币发行、流动性挖矿等，完全在区块链上运行，无需传统金融机构的参与。

（五）区块链智能合约的挑战

1. 安全性

智能合约的安全性是一个关键问题。由于代码一旦部署便不可更改，存在潜在的漏洞可能导致重大损失。智能合约的开发者和审计人员需要高度的专业技能，以确保安全性。

2. 法规合规

智能合约的法律地位和合规性仍然是一个尚未完全解决的问题。各国法规对于区块链和智能合约的法律认可程度不一，这可能导致法律风险。

3. 互操作性

不同区块链平台上的智能合约可能不具备互操作性，这使得跨链操作变得更加困难。未来需要制定更为统一的标准以促进互操作性。

4. 扩展性

一些公有区块链网络在面临大规模交易时可能面临扩展性问题，导致交易速度下降和交易费用上升。解决这一问题需要不断的技术创新，以提高区块链网络的扩展性。

5. 隐私保护

智能合约涉及的信息可能会泄露用户隐私，特别是在金融交易中。如何在智能合约的执行过程中保障用户的隐私成为一个需要解决的难题。

（六）未来发展趋势

1. 多链互通

未来，随着区块链技术的不断发展，多个区块链网络之间可能实现更加紧密的互通。这有助于提高智能合约的互操作性，使得不同链上的智能合约能够更好地协同工作。

2. 隐私保护技术

为了解决智能合约中的隐私问题，未来的发展趋势可能会朝着更加先进的隐私保护技术方向发展，以平衡透明性和用户隐私的需求。

3. 法规标准的制定

为了推动区块链和智能合约的应用，未来可能会制定更多的法规标准，以规范和促进这一领域的发展。这将有助于增加行业的透明度和可预测性。

4. 智能合约安全性的提升

未来将持续关注智能合约的安全性问题，可能会出现更加先进的智能合约审计工具和安全性标准，以确保智能合约的稳健性和安全性。

5. 企业级应用的拓展

随着区块链技术和智能合约的成熟，预计将有更多的企业级应用案例涌现。金融机构、供应链管理、物联网等领域可能会更广泛地采用智能合约技术。

区块链智能合约在金融中的应用呈现出巨大的潜力，通过自动化执行合同、提高透明度、降低成本等优势，为金融领域带来了创新的可能

性。然而，随着技术的不断发展，仍然存在一系列的挑战需要克服，如安全性、法规合规、隐私保护等。

在未来，随着技术的进步、标准的制定，以及法规环境的明确，区块链智能合约将更广泛地应用于金融和其他领域。行业参与者需要共同努力，推动技术的创新，解决现有问题，以实现区块链智能合约在金融中的更加广泛和深入的应用。这将促进金融行业的数字化转型，为未来金融体系的发展提供更为高效、透明和安全的基础设施。

二、区块链与金融衍生品创新

（一）概述

区块链技术作为一种去中心化、分布式的账本技术，对金融领域产生了深远的影响。在金融衍生品市场，区块链技术的应用为创新提供了新的可能性。以下将深入探讨区块链与金融衍生品创新的关系，包括区块链技术在金融衍生品市场中的优势、具体应用场景、挑战，以及未来发展趋势。

（二）区块链技术在金融衍生品市场的优势

1. 去中心化与透明性

区块链的去中心化特性意味着没有中央机构拥有绝对的控制权，这为金融衍生品市场提供了更为公正和透明的环境。交易记录和合约都被存储在分布式账本上，所有参与者都能实时查看，降低了信息不对称的问题。

2. 实时结算

传统金融系统的结算过程通常需要经过多个中介和一定的时间，而区块链技术可以实现实时结算。这使得交易方能够更快速地获得资金并减少信用风险，尤其在高频交易场景中具有明显的优势。

3. 智能合约的自动执行

区块链上的智能合约可以自动执行预定的合同条款，无需人为干预。

这为金融衍生品的交易和结算提供了更高效、可靠的方式，减少了因人为错误而引发的问题。

4. 隐私保护

区块链技术的加密机制确保了数据的安全性和隐私性。参与者可以在保护个人敏感信息的前提下进行交易，满足金融衍生品市场对隐私的高度要求。

（三）区块链在金融衍生品市场的具体应用场景

1. 供应链金融衍生品

区块链可以应用于供应链金融衍生品，实现对供应链的透明监管和对资金流的追溯。通过智能合约，可以实现自动化的供应链融资，提高流动性和降低融资成本。

2. 跨境支付与外汇衍生品

在跨境支付中，区块链可以加速结算过程，减少汇率波动的风险。同时，通过智能合约，可以创新外汇衍生品，提供更灵活、高效的风险对冲工具。

3. 数字资产衍生品

随着数字资产的兴起，区块链为数字资产衍生品的发展提供了良好的基础。例如，基于区块链的数字货币期权和期货合约，可以为投资者提供更多元化的投资选择。

4. 利率衍生品

利率衍生品市场对高效的结算和合规性要求较高。区块链技术可以加速利率衍生品的交易和结算，并通过智能合约确保合规性，降低操作风险。

（四）区块链与金融衍生品创新面临的挑战

1. 法规不确定性

金融行业面临的法规环境复杂，而区块链技术的快速发展可能会超过监管的步伐，导致法规不确定性。金融衍生品的创新需要与法规环境

的适应相协调。

2. 技术标准与互操作性

目前，不同的区块链平台之间存在着一定程度的技术标准差异，缺乏统一的互操作性标准。这可能导致不同平台上的金融衍生品无法有效交互，降低了市场的整体效率。

3. 安全性和智能合约漏洞

尽管区块链技术具有较高的安全性，但智能合约的编写和执行仍可能存在漏洞。黑客攻击和智能合约漏洞可能导致金融损失，因此确保智能合约的安全性至关重要。

4. 业务模型创新

区块链技术的应用需要金融机构调整其业务模型，适应新的技术和市场变化。这对传统金融机构来说是一项挑战，需要更大的变革和创新。

（五）未来发展趋势

1. 法规逐步明晰

随着区块链技术在金融衍生品市场的应用逐渐增多，相关的法规将逐步明晰。监管机构可能会加强对数字资产、智能合约等方面的监管，同时制定更为明确的法规，以促进市场的稳健发展。

2. 技术标准的制定

为了促进区块链与金融衍生品市场的发展，行业可能会制定更为统一的技术标准，以提高不同区块链平台之间的互操作性。这将为金融机构和开发者提供更灵活的选择和更便捷的合作方式。

3. 跨境金融衍生品创新

随着区块链在跨境支付和结算方面的优势得到更广泛认知，未来可能会看到更多的跨境金融衍生品的创新。这有望推动国际贸易和投资的便利性，并减少跨境交易的复杂性。

4. 数字资产多元化

随着数字资产市场的不断发展，数字资产衍生品的多元化将成为一个趋势。金融机构和投资者将寻求更多样化的数字资产投资工具，促使相关衍生品的创新和发展。

5. 区块链与传统金融的整合

未来可能会有更多区块链与传统金融机构的整合，以实现更好的服务。金融机构可能会逐步采用区块链技术，与传统系统相互配合，提高整个金融系统的效率和透明度。

6. 基于区块链的金融衍生品市场平台

随着市场需求的增加，可能会出现更多基于区块链的金融衍生品市场平台。这些平台将为投资者提供更广泛的选择，同时通过区块链的优势提供更高效、安全的交易环境。

区块链技术在金融衍生品市场中的应用正逐渐展现出其巨大的潜力。通过去中心化、透明性、实时结算等优势，区块链为金融衍生品的创新提供了全新的解决方案。然而，随着应用的不断深入，仍然需要解决法规不确定性、技术标准、安全性等一系列挑战。

未来，随着法规的逐步明晰、技术的不断发展，以及市场的适应，区块链与金融衍生品的结合将更加深入，为金融市场带来更多创新和效益。金融机构和行业参与者需要保持敏锐的观察力，积极应对挑战，共同推动区块链与金融衍生品市场的可持续发展。这将为全球金融体系注入新的活力，推动金融行业朝着更加高效、透明和安全的方向迈进。

三、区块链在金融衍生品市场的影响

（一）概述

区块链技术的崛起为金融行业带来了前所未有的变革，金融衍生品市场也不例外。区块链以其去中心化、透明和安全的特性，对传统金融衍生品市场产生深远的影响。以下将深入探讨区块链在金融衍生品市场的影响，包括其优势、具体应用、市场变革、挑战，以及未来发展趋势。

（二）区块链在金融衍生品市场中的优势

1. 透明度与去中心化

区块链的去中心化架构使得金融衍生品市场更加透明。交易信息、合约细则、结算记录等数据都被记录在不可篡改的区块链上，消除了对传统中介机构的需求，降低了潜在的信息不对称问题。

2. 实时结算与高效性

传统金融市场的结算通常需要经过多个中介，耗费大量时间且容易出错。区块链的实时结算特性使得交易可以迅速完成，缩短了结算周期，提高了整个衍生品市场的交易效率。

3. 智能合约的自动化执行

区块链上的智能合约可以自动执行预定的合同条款，无需第三方的干预。这种自动化执行降低了交易中的信任成本，减少了合同执行的风险，尤其在金融衍生品市场中具有显著优势。

4. 隐私保护

区块链的加密技术确保了数据的隐私性和安全性。参与者可以在保护个人敏感信息的同时进行交易，这对于金融衍生品市场来说是至关重要的。

（三）区块链在金融衍生品市场的具体应用

1. 供应链金融衍生品

区块链技术可以应用于供应链金融衍生品，通过建立透明、高效的供应链金融体系，降低融资成本。智能合约可以自动执行相关的融资和结算操作，提高供应链金融体系的灵活性。

2. 跨境支付与外汇衍生品

在跨境支付中，区块链的实时结算特性可以降低汇率波动的风险，同时智能合约可以创新外汇衍生品，提供更灵活、高效的风险对冲工具，推动国际贸易的便捷发展。

3. 数字资产衍生品

区块链的出现推动了数字资产的发展，数字资产衍生品因而应运而生。例如，基于区块链的数字货币期权和期货合约，为投资者提供了更多元化的投资选择。

4. 利率衍生品

区块链技术可以加速利率衍生品的交易和结算，提高效率。智能合约可以自动执行利率调整、利率互换等操作，降低了运营成本和交易风险。

（四）区块链对金融衍生品市场的市场变革

1. 去中心化交易所

传统金融市场的交易所通常由中心化机构运营，区块链技术的出现催生了去中心化交易所。这种交易所模式通过智能合约实现交易撮合和结算，减少了中间环节，提高了市场的公平性和透明度。

2. 金融衍生品的多样化

区块链的灵活性和可编程性为金融衍生品市场的创新带来了更多可能性。智能合约的自动化执行使得新型金融衍生品的设计变得更加容易，市场中出现了更多不同类型的衍生品，满足不同投资者的需求。

3. 新兴市场的发展

区块链技术的应用为新兴市场的金融衍生品提供了更多机会。传统金融市场与新兴市场的连接通常较为困难，而区块链技术能够降低参与门槛，促使新兴市场更好地融入全球金融体系。

4. 金融衍生品的标准化

通过智能合约的自动执行，区块链有助于金融衍生品的标准化。标准合约的使用可以提高市场的流动性，降低交易成本，并促进市场的进一步发展。

（五）区块链在金融衍生品市场的挑战

1. 法规不确定性

金融衍生品市场的法规环境相对复杂，而区块链技术的快速发展可

能会超过监管的步伐，导致法规不确定性。监管机构需要适应新技术并加强对区块链金融衍生品市场的监管，以保障市场的稳健发展。

2. 技术标准与互操作性

目前，不同区块链平台之间存在着一定的技术标准差异，缺乏统一的互操作性标准。这可能导致不同平台上的金融衍生品无法有效交互，降低了市场的整体效率。未来需要建立更为统一的技术标准，促进不同平台之间的互操作性。

3. 安全性和智能合约漏洞

尽管区块链技术具有较高的安全性，但智能合约的编写和执行仍可能存在漏洞。黑客攻击和智能合约漏洞可能导致金融损失，因此确保智能合约的安全性至关重要。开发者需要加强对智能合约的审计和测试，确保其稳健性。

4. 用户接受度和教育

区块链技术和金融衍生品的结合对用户来说可能是全新的体验，需要时间来适应。用户接受度和理解程度的提高是推动市场发展的关键。教育和普及工作对于让投资者更好地理解区块链金融衍生品的潜力和风险至关重要。

第四节　区块链在贷款与借贷领域的应用

一、基于区块链的借贷平台

（一）概述

区块链技术的兴起为金融领域带来了全新的变革，其中之一便是借贷市场。基于区块链的借贷平台以其去中心化、透明和安全的特点，逐渐吸引了用户和投资者的关注。本文将深入探讨基于区块链的借贷平台的创新、优势，以及可能面临的挑战。

（二）区块链在借贷平台的创新

1. 智能合约的运用

区块链借贷平台广泛使用智能合约，这是区块链技术的一大亮点。智能合约是一种自动执行合同条款的计算机程序，它们在没有中介的情况下，通过事先定义的规则自动执行贷款、归还和利息支付等操作。这消除了传统借贷中的繁琐流程，提高了执行的效率。

2. 去中心化借贷市场

基于区块链的借贷平台通过去中心化的特性，将借贷市场带到了一个全新的层面。在传统借贷市场中，中介机构如银行扮演着重要角色，而区块链借贷平台通过智能合约，使得借贷成为用户之间的直接交易，去除了中介，降低了交易成本。

3. 数字资产抵押

在传统借贷中，贷款通常需要借款人提供抵押物，而区块链借贷平台可以通过数字资产的抵押实现更广泛的资产参与。用户可以将加密货币等数字资产作为抵押，从而获得贷款。这样的模式提高了灵活性，降低了传统贷款中对传统资产的依赖。

（三）区块链借贷平台的优势

1. 去中心化和透明性

区块链借贷平台的去中心化特性打破了传统金融机构的垄断，使得借贷成为用户之间的直接交易。同时，所有的交易和合约都被记录在不可篡改的区块链上，提高了透明性，解决了信息不对称的问题。

2. 低交易成本

传统借贷中，中介机构需要处理大量繁琐的流程，这导致了较高的交易成本。区块链借贷平台通过智能合约的自动执行，减少了中介环节，降低了交易成本，使得借贷更加经济高效。

3. 更广泛的资产参与

基于区块链的借贷平台将数字资产的抵押引入借贷市场，使得更多的资产能够参与借贷过程。这不仅提高了借款人的灵活性，还拓展了投资者的选择范围。

4. 丰富的利率产品

区块链借贷平台借助智能合约的编程能力，可以创造各种不同类型的利率产品。这使得借款人和投资者能够根据自己的风险偏好和需求选择合适的利率产品，提高了市场的多样性。

（四）区块链借贷平台可能面临的挑战

1. 法规和监管

区块链借贷平台可能面临不同国家和地区法规的不确定性。由于其去中心化的特性，监管机构可能需要制定新的法规来适应这一新型业务模式，以保护用户的权益并维护金融系统的稳定。

2. 安全性和智能合约漏洞

尽管区块链技术本身具有较高的安全性，智能合约仍可能存在漏洞。黑客攻击和合约漏洞可能导致资金损失，因此平台需要加强安全性措施和智能合约的审计工作。

3. 用户接受度和教育

许多用户对于区块链技术和数字资产抵押的概念可能尚不熟悉。平台需要加强对用户的教育，提高用户的接受度，使更多人能够信任和使用区块链借贷平台。

4. 市场竞争

随着区块链借贷平台的兴起，市场竞争日益激烈。平台需要不断创新，提供更具吸引力的产品和服务，以吸引用户和投资者，保持竞争力。

（五）未来发展趋势

1. 法规逐步明晰

随着区块链借贷平台的发展，相关法规逐步明晰将是未来的趋势。

监管机构可能会逐步制定更为清晰的法规框架，以确保平台的合规运营，维护金融体系的稳定性。同时，合作与沟通将成为监管机构和区块链借贷平台之间保持良好关系的关键。

2. 安全性技术的不断升级

为了应对安全性挑战，区块链借贷平台将不断升级安全技术，加强平台的防御措施。这可能包括更强大的身份验证、数据加密、智能合约审计等方面的创新，以提高平台的整体安全水平。

3. 用户教育和推广

为了提高用户接受度，区块链借贷平台将加强对用户的教育和推广。通过举办培训活动、发布信息手册、开展社交媒体宣传等方式，帮助用户更好地理解区块链技术，认识数字资产抵押的优势，并加强对平台的信任。

4. 跨境业务拓展

随着区块链借贷平台的不断发展，可能会涌现出一些具有全球性影响力的平台。这些平台可能会加速跨境业务拓展，为全球用户提供更多元化的借贷产品和服务，推动区块链借贷的国际化进程。

5. 金融衍生品的创新

区块链借贷平台可能通过智能合约的灵活性，推动金融衍生品的创新。例如，基于区块链的借贷衍生品、利率衍生品等产品可能会在未来得到更广泛的应用，提供更多元化的金融工具。

6. 生态系统建设

未来，区块链借贷平台可能会更加注重生态系统的建设。这包括与其他区块链项目、数字资产交易所等合作，建立更加紧密的合作关系，推动整个区块链金融生态的共同繁荣。

基于区块链的借贷平台代表着金融行业向更为去中心化、透明和高效的方向发展。通过智能合约、去中心化特性，以及数字资产抵押等创新，这些平台为用户提供了更灵活的借贷选择，并有望在未来对传统金融模式产生深远影响。

然而，区块链借贷平台在发展过程中仍面临一系列挑战，如法规不

确定性、安全性风险等。未来，随着法规逐步明晰、安全技术不断升级，以及用户教育的深入推进，这些挑战将逐渐得到解决。

整体而言，区块链借贷平台的发展是一个不断探索、创新的过程。只有平台能够充分理解和回应市场需求，保障用户的权益，不断提升自身的技术和服务水平，才能在竞争激烈的市场中取得长久的成功。随着时间的推移，这一领域有望为全球金融体系带来更多的活力和创新。

二、区块链在信用评估中的作用

（一）概述

信用评估在金融和商业领域中扮演着至关重要的角色，它直接影响着个人、企业和整个经济体系的融资、交易和发展。传统的信用评估方式存在着信息不对称、操作不透明等问题，而区块链技术的崛起为解决这些问题提供了新的可能性。以下将深入探讨区块链在信用评估中的作用，以及其对金融和商业领域的潜在影响。

（二）区块链在信用评估中的优势

1. 去中心化的信用数据存储

传统信用评估通常依赖于中心化的信用机构，这些机构负责收集、存储和管理个人和企业的信用信息。而区块链技术通过去中心化的分布式账本，使得信用信息能够以更安全、透明且不可篡改的方式存储在多个节点上。这样的存储方式消除了单一机构的垄断，减少了信息不对称的可能性。

2. 数据的透明性和可验证性

区块链上的数据是公开可查的，任何参与者都可以查看和验证交易记录。这种透明性有助于建立信用信息的可信度，使得信用评估更为准确和可靠。同时，数据的不可篡改性确保了信息的完整性，防止了恶意篡改或虚假信息的出现。

3. 隐私保护和数据控制权

在传统信用评估中，个人和企业的敏感信息常常被集中存储在信用机构的数据库中，存在着被滥用的风险。而区块链技术采用加密算法，确保了数据的隐私性。用户可以更好地掌握自己的数据，选择性地分享给需要的机构，从而保护了个体的隐私权。

4. 共享经济与信用互联

区块链为共享经济提供了技术支持，个体和企业的信用信息可以被更广泛地共享和利用。通过建立分布式信用网络，不同平台和行业的信用数据可以互联互通，为更多的合作提供信用保障。这有助于打破信息孤岛，实现信用评估的全面性和综合性。

（三）区块链在信用评估中的具体应用

1. 基于区块链的身份验证

区块链技术可以用于建立更为安全、去中心化的身份验证系统。用户的身份信息一旦被记录在区块链上，就可以被多个机构验证，减少了身份盗窃和使用虚假身份的风险。这为信用评估提供了更为可信的身份信息基础。

2. 区块链信用报告

传统信用报告由中心化的信用机构负责生成和管理，而基于区块链的信用报告可以由多个参与者共同维护。用户的信用信息会以分布式账本的形式存储，所有的历史交易和还款记录都会被记录，形成更为全面和准确的信用报告。

3. 智能合约的信用评估

智能合约是区块链的一个重要特征，可以用于自动执行合同条款。在信用评估中，智能合约可以根据用户的信用得分自动执行相应的操作，例如，自动放贷、调整利率等。这提高了信用评估的效率和实时性。

4. 区块链溯源技术的应用

区块链的溯源技术可以追溯每一笔交易的来源和去向，防范欺诈行为。在信用评估中，这种技术可以用于确保用户提供的资料的真实性，

防止虚假信息的出现，提高信用评估的精确度。

（四）区块链在信用评估中的潜在影响

1. 金融体系的变革

区块链在信用评估中的应用有望推动金融体系的变革。传统的信用评估机构可能会面临更多竞争，而区块链的去中心化特性将促使金融体系更加民主化和开放。

2. 小微企业融资的改善

传统信用评估方式在小微企业融资中常常面临信息不对称等融资难题。基于区块链的信用评估可以更全面地收集和分析企业的信用信息，增加小微企业的融资机会，促进经济的发展。

3. 新兴经济体的金融包容

在一些新兴经济体中，由于缺乏健全的信用体系，许多人面临着难以获取信贷的问题。区块链的应用有望改善这一状况，通过建立去中心化、透明的信用评估系统，为这些地区的个人和企业提供更多融资机会，推动金融包容的实现。

4. 信用评估的个性化和精准化

传统信用评估常常采用统一的评估标准，难以满足个体差异和实际需求。基于区块链的信用评估可以更加精准地收集和分析个体的信用信息，从而实现个性化的信用评估标准，更好地满足用户的真实信用状况。

5. 数据所有权的转移

区块链技术为用户提供了更多掌握自身数据的权利。用户可以选择性地分享自己的信用信息，而不必将所有权交给信用机构。这种数据所有权的转移有助于建立更加平等和公正的信用评估关系。

（五）挑战与解决方案

1. 法规与合规性

区块链在信用评估中的应用可能面临法规和合规性的挑战。各国对于数字资产、智能合约等新兴技术的法规尚不明晰，需要制定更为明确的法规框架，以确保区块链信用评估的合规性。

2. 数据隐私与安全性

尽管区块链采用了加密等手段来保护数据的隐私性和安全性，但在实际应用中仍需面对潜在的攻击和漏洞。加强区块链网络的安全性措施、采用更加先进的加密技术是解决这一问题的关键。

3. 技术标准和互操作性

区块链的快速发展导致了不同平台之间的技术标准差异，缺乏统一的互操作性标准。为了实现信用评估的全面性，需要建立更为统一的技术标准，促进不同平台之间的数据共享和互操作性。

4. 用户教育与接受度

区块链技术对于一般用户来说可能仍相对陌生，因此需要加强用户教育和培训，提高用户对于区块链信用评估的理解和接受度。透明且可理解的用户界面也是推广区块链信用评估的重要因素。

（六）未来展望

区块链在信用评估中的应用有望为金融和商业领域带来革命性的变化。随着法规的逐步明晰、技术的不断进步和用户接受度的提高，区块链信用评估有望成为未来信用体系的重要组成部分。

未来可能会看到更多的金融机构和企业采用区块链技术，建立更为开放和透明的信用评估体系。同时，随着区块链技术的不断创新，可能会涌现出更多的应用场景，如区块链信用借贷、区块链信用保险等，进一步推动整个金融行业的发展。

在实现这一愿景的过程中，各方需要共同努力，解决技术、法规、安全性等方面的挑战，确保区块链信用评估系统的安全、可靠和高效运行。这将有助于构建更加公正、平等和可持续的信用评估体系，为社会的经济发展和个体的金融活动提供更好的支持。

三、区块链技术对贷款行业的影响

（一）概述

贷款行业一直是金融领域的关键组成部分，对于促进个人、企业，以及经济的发展都起着至关重要的作用。然而，传统的贷款过程存在着信息不对称、流程繁琐、信用评估难题等一系列问题。随着区块链技术的崛起，贷款行业正在经历一场革命性的变革。以下将深入探讨区块链技术对贷款行业的影响，从去中心化、透明性、安全性等方面剖析其潜在的变革性影响。

（二）区块链技术的核心特点

1. 去中心化

区块链是一个去中心化的分布式账本系统，信息存储在网络的多个节点上而非中心服务器。这种去中心化特点削弱了传统中介机构的垄断地位，使得贷款过程更具民主化和公开性。

2. 不可篡改的数据

区块链上的数据是不可篡改的，一旦信息被写入区块，就无法被修改。这为贷款行业提供了更高水平的数据安全性，防范了篡改、欺诈等风险。

3. 智能合约

智能合约是预先定义好的自动执行的合同条款，能够在满足条件时自动触发。在贷款领域，智能合约可以用于自动化还款、利率调整等操作，提高了交易的效率。

4. 透明性

区块链的交易记录是公开可查的，任何参与者都可以查看和验证。这种透明性有助于建立信任，减少信息不对称，提高了整个贷款过程的可信度。

（三）区块链对贷款行业的潜在影响

1. 去中心化的借贷市场

区块链技术使得去中心化借贷平台成为可能。借款人和投资者可以直接在区块链上进行交易，无需传统金融机构的中介。这降低了交易成本，提高了借贷市场的效率。

2. 提高贷款透明度

区块链技术的透明性有助于提高整个贷款过程的透明度。借款人和投资者可以随时查看交易记录，确保信息的真实性。这有助于防范不当行为，减少信息不对称。

3. 加强身份验证

基于区块链的身份验证系统可以更安全地管理个人和企业的身份信息。这有助于降低身份盗窃和使用虚假身份的风险，提高了整个贷款行业的安全性。

4. 数字资产抵押

区块链技术使得数字资产的抵押变得更为灵活。借款人可以将数字资产（如加密货币）作为抵押物，获取相应的贷款。这种模式提高了贷款的灵活性，为更多人提供了融资的机会。

5. 智能合约的自动化执行

智能合约的运用使得贷款合同可以在事先设定的条件下自动执行。这简化了贷款过程，减少了人为干预，提高了执行的效率。例如，智能合约可以自动执行还款操作，确保按时完成还款。

6. 跨境贷款

区块链技术的去中心化和透明性为跨境贷款提供了更好的解决方案。在传统体系中，跨境贷款面临着复杂的审批流程和高昂的费用，而基于区块链的贷款可以简化流程，降低成本，促进国际间资金的流动。

（四）区块链在贷款行业的应用

1. 借贷平台

基于区块链的借贷平台可以提供去中心化的借贷服务。借款人可以

通过智能合约直接与投资者进行交互，实现更迅速、高效的借贷过程。这样的平台通常具有更低的交易成本，更快的放贷速度，同时提供更广泛的融资渠道。

2. 数字身份验证

区块链技术可以用于建立更为安全和便捷的数字身份验证系统。借款过程中，借款人的身份信息可以被存储在区块链上，并通过私钥等手段得到安全验证，提高了身份认证的准确性和安全性，避免了虚假身份和身份盗窃的风险。

3. 资产溯源

在贷款行业中，资产的真实性和溯源非常关键。区块链的不可篡改性和透明性可以确保借贷双方都能准确追溯资产的来源和去向。这对于防范欺诈和非法活动非常重要，提高了整个贷款生态系统的信任度。

4. 信用评估

区块链可以改善信用评估的过程。通过区块链技术，信用信息可以更安全、透明地存储和传输。借款人的信用历史可以通过区块链的分布式账本进行共享，减少了信息不对称，有助于更全面地评估借款人的信用状况。

5. 资金募集和分配

区块链技术使得资金的募集和分配更为高效。通过智能合约，资金可以被自动分配给合适的借款人，而且资金的使用过程也能够被透明地记录。这有助于提高募资项目的透明度和可追溯性。

6. 风险管理

区块链技术提供了更强大的风险管理工具。智能合约可以根据事先设定的规则，自动执行风险管理策略，例如，自动调整利率、要求额外抵押等。这有助于降低贷款风险，提高贷款的安全性。

（五）挑战与应对

1. 法规和合规性

区块链在贷款行业的应用可能面临不同国家和地区法规的不确定

性。建立合适的法规框架是确保区块链贷款行业健康发展的关键。与监管机构合作，积极参与法规制定过程，确保平台的合规性。

2. 数据隐私与安全性

尽管区块链技术本身提供了较高的数据安全性，但在实际应用中仍需面对潜在的攻击和漏洞。采用更加先进的加密技术、强化网络安全防御是保障贷款行业数据隐私与安全性的重要手段。

3. 技术标准与互操作性

区块链的技术标准尚不统一，不同平台之间缺乏互操作性，这可能阻碍了贷款行业在区块链上的发展。参与制定和遵循行业内的技术标准，推动不同平台的互联互通，有助于提高整个生态系统的效率。

4. 用户教育与接受度

用户对于区块链技术和基于区块链的贷款平台的理解和接受度仍然相对有限。加强用户教育，提供简明易懂的用户指南，改善用户体验，是促使用户更广泛接受区块链贷款服务的重要手段。

（六）未来展望

随着区块链技术的不断成熟和应用场景的扩大，贷款行业有望迎来更为深刻的变革。未来可能会看到更多金融机构、企业和个体采用区块链技术，建立更为高效、透明和安全的贷款生态系统。

第五节　区块链在风险管理与审计中的应用

一、区块链技术在风险管理中的创新

（一）概述

风险管理一直是金融领域的核心挑战之一。传统的风险管理方法面

临着信息不对称、操作繁琐、数据延迟等问题。随着区块链技术的崛起，金融机构和企业开始认识到其在风险管理领域的潜在优势。以下将深入探讨区块链技术在风险管理方面的创新，包括去中心化的数据存储、智能合约的应用、透明度的提升等方面。

（二）区块链技术在风险管理中的优势

1. 去中心化的数据存储

传统的风险管理涉及到大量的数据收集、存储和分析，而这些数据通常集中在金融机构的中心化数据库中。区块链技术通过去中心化的数据存储方式，将信息存储在多个节点上，降低了单点故障的风险，提高了数据的安全性和稳定性。

2. 不可篡改的交易记录

区块链上的交易记录是不可篡改的，一旦信息被写入区块，就无法被修改。这种特性确保了数据的完整性，防范了恶意篡改或伪造数据的可能性。在风险管理中，确保交易记录的真实性对于准确评估风险至关重要。

3. 智能合约的自动执行

智能合约是区块链的一项重要功能，它可以根据预先设定的条件自动执行合同条款。在风险管理中，智能合约可以用于自动触发风险管理策略，例如，自动执行交易止损、调整保险赔付等操作，提高了风险管理的实时性和效率。

4. 透明度和可验证性

区块链的交易记录是公开可查的，任何参与者都可以查看和验证。这种透明度有助于建立信任，使得风险管理更为透明和可验证。信息的公开性降低了信息不对称的风险，同时提高了整个风险管理系统的可信度。

5. 加密和隐私保护

区块链采用先进的加密技术，保护数据的隐私性。在风险管理中，敏感信息可以以加密形式存储在区块链上，用户可以更好地掌握自己的数据，并选择性地分享给需要的机构，从而提高了隐私保护水平。

（三）区块链技术在风险管理中的创新应用

1. 风险数据的分布式存储

传统的风险管理涉及大量的数据收集和处理，而区块链技术可以实现风险数据的分布式存储。各个参与方可以将风险相关的数据存储在区块链上，形成共享的分布式账本，实现全局数据的一致性和实时性。

2. 智能合约的风险管理策略

智能合约可以被用于执行各种风险管理策略。例如，在金融衍生品交易中，可以设定智能合约来自动执行止损操作，降低投资者的风险。这种自动化的风险管理策略提高了交易的效率，减少了人为因素的干扰。

3. 区块链溯源技术的应用

区块链的溯源技术可以用于追溯风险事件的发生和传播过程。在风险管理中，这种技术可以帮助迅速定位和分析潜在的风险源，从而采取更有效的措施来降低风险。

4. 数字身份的安全验证

在金融交易中，数字身份的安全验证是关键的一环。区块链技术可以建立更为安全和高效的数字身份验证系统，确保交易参与者的身份真实可信，从而防范身份伪造和欺诈风险。

5. 区块链衍生品的创新

区块链为金融衍生品的创新提供了可能性。通过智能合约，可以创建更为复杂和个性化的金融衍生品，满足不同投资者的需求。这种创新有助于更好地管理和分散风险。

（四）区块链技术在不同行业中的风险管理应用

1. 金融行业

在金融行业，区块链技术可以应用于股票交易、债券发行、支付结算等多个方面。通过去中心化的数据存储和智能合约的自动执行，可以提高金融交易的透明度和效率，降低交易成本，加强风险管理。智能合

约可以用于执行金融产品的自动化结算、追踪资产流动、动态调整投资组合等，进一步提高风险管理的灵活性和及时性。

2. 保险业

在保险业，区块链技术的应用有助于提高合同管理和索赔处理的效率。智能合约可以自动执行保险合同中的条款，例如，在符合条件时自动支付索赔。区块链的透明性和不可篡改性有助于防范欺诈，提高索赔处理的可信度。此外，通过区块链技术，可以实现对被保险资产的实时监测和验证，减少信息不对称的风险。

3. 供应链管理

在供应链管理中，区块链可以提高端到端的透明度，帮助追溯商品的生产和运输过程。通过区块链的分布式账本，可以记录每一步的交易和事件，确保信息的真实性。这有助于降低供应链中的不确定性和风险，提高对供应链事件的实时监测和管理能力。

4. 医疗保健

在医疗保健领域，区块链技术可以用于管理医疗数据的安全性和可追溯性。患者的医疗记录可以存储在区块链上，确保数据的隐私性和完整性。医疗保险索赔也可以通过智能合约实现自动化处理，减少人为错误和欺诈行为。此外，通过区块链技术，可以更好地管理药品的供应链，防范药品的伪劣和流通风险。

5. 不动产和房地产

在不动产和房地产领域，区块链可以用于建立透明的产权登记系统。房产信息、交易记录和权属变更以不可篡改的方式存储在区块链上，降低房地产交易的不透明性和风险。智能合约可以自动执行房产交易中的条款，确保交易的公正和高效。

（五）挑战与未来展望

1. 区块链技术在风险管理中面临的挑战

法规和合规性：区块链技术在不同国家和行业的法规尚不明晰，尤其是在金融领域。确保区块链应用符合法规和合规性仍然是一个挑战。

技术标准和互操作性：区块链技术缺乏统一的技术标准，不同平台之间缺乏互操作性，这使得在不同系统间进行数据共享和交互变得困难。

数据隐私和安全性：尽管区块链采用了强大的加密技术，但仍然需要处理数据隐私和安全性的问题。特别是在需要存储敏感信息的行业，如金融和医疗保健，确保数据的安全仍然是一个持续关注的问题。

2. 未来展望

随着技术的不断发展和各行业对区块链技术的深入理解，未来区块链在风险管理中的应用将不断拓展。以下是一些未来的展望。

更广泛的行业应用：随着区块链技术的不断成熟，预计将在更多领域看到区块链在风险管理中的应用，包括物联网、能源、教育等领域。

与其他技术的整合：区块链技术可能会与其他新兴技术如人工智能、大数据分析等相结合，提供更全面、智能的风险管理解决方案。

社会认知和接受度提高：随着对区块链技术认知的提高，社会对于区块链在风险管理中的应用可能会更加开放，推动其更广泛的应用。

法规和标准的发展：随着行业和政府对区块链应用的深入研究，相应的法规和标准可能会逐步完善，提供更清晰的指导。

区块链技术在风险管理领域的创新为传统风险管理带来了新的思路和工具。去中心化的数据存储、智能合约的自动执行、透明度的提升等特点使得风险管理更加高效、安全和可靠。然而，面对挑战，包括法规不确定性、技术标准和数据隐私问题，各行业需要共同努力以推动区块链在风险管理中的更广泛应用。在未来，随着技术的不断进步和社会对区块链的接受度提高，我们可以期待看到更多创新的区块链解决方案应用于风险管理，并在金融、保险、供应链等多个行业产生深远的影响。

二、区块链在审计与合规方面的作用

随着科技的不断发展，区块链技术作为一项颠覆性的创新，逐渐在各个领域崭露头角。其中，审计与合规是企业运营中至关重要的方面，对于确保财务透明度和合规性至关重要。以下将探讨区块链技术在审计

与合规方面的作用，以及它如何改变传统的审计模式和提高合规性水平。

（一）区块链技术概述

区块链是一种去中心化的分布式账本技术，通过多个节点的共识机制，确保了数据的不可篡改性和透明性。其核心特点包括去中心化、分布式、不可篡改、智能合约等。这些特性为审计与合规提供了全新的解决方案。

（二）区块链在审计中的作用

1. 数据透明性和不可篡改性

区块链的分布式账本确保了数据的透明性，任何交易都被记录在所有节点上，所有参与者都可以实时查看。同时，由于数据是以区块的形式存储，一旦存入区块链，就无法被修改，保证了数据的不可篡改性。这使得审计人员能够更加轻松地追溯和验证财务数据的真实性，减少了因数据篡改而引起的审计风险。

2. 实时审计

传统审计通常是定期进行的，而区块链技术使得实时审计成为可能。由于数据的实时更新和透明性，审计人员可以随时监测财务数据的变化，及时发现异常情况，从而更迅速地采取措施。这有助于提高审计的实效性和精准性。

3. 智能合约的运用

区块链上的智能合约是一种基于代码的自动执行合同，其中的条款和条件被预先编程，当满足特定条件时自动执行。在审计中，智能合约可以用于自动执行特定的审计程序，减轻了审计人员的工作负担，同时提高了审计的效率。例如，智能合约可以用于验证交易的完整性、自动化账目调整等。

4. 身份验证

区块链技术可以用于实现更安全的身份验证。参与区块链的各方身份都经过加密和验证，确保参与者的身份真实可信。在审计中，这意味着审计人员能够更容易地确定交易参与者的身份，防范身份伪装等问题。

（三）区块链在合规方面的作用

1. 合规性数据的实时更新

区块链的实时性和透明性使得合规性数据可以得到实时更新。企业可以通过区块链技术追踪和记录各种合规性数据，包括交易记录、合同履行情况等。这有助于企业更及时地发现和解决合规性问题，降低合规风险。

2. 数据隐私和保护

区块链技术采用了先进的加密算法，确保数据在传输和存储过程中的安全性。这对于一些合规性要求高、对数据隐私有严格要求的行业尤为重要，如金融服务、医疗保健等。通过区块链，企业可以更好地保护客户和业务数据，确保其符合相关的合规标准。

3. 合规性智能合约

智能合约不仅在审计中发挥作用，在合规方面同样有巨大潜力。通过将合规规定编码到智能合约中，可以实现自动化合规性检查和执行。例如，在某些行业中，智能合约可以确保交易符合特定的法规和法律要求，从而降低企业因人为疏忽而导致的合规性问题。

4. 溯源和证明性

区块链的不可篡改性和透明性使得合规性的溯源和证明变得更为简单。企业可以通过区块链提供的记录，追溯到某个特定时间点的所有交易和操作，为监管机构提供确凿的证据，证明企业的合规性。这有助于提高企业在监管审查中的可信度。

（四）挑战与前景

尽管区块链在审计与合规方面的应用前景广阔，但也面临一些挑战。其中之一是技术标准的制定，以确保不同系统间的互操作性。另外，法律法规的不断变化也需要相应的技术调整，以保证区块链系统始终符合法规要求。

未来，随着区块链技术的不断成熟和应用的不断推进，可以预见它将在审计与合规领域发挥越来越重要的作用。企业需要更加关注并积极探索如何利用区块链技术来提升审计与合规的效率和水平。以下是一些可能的未来发展方向。

标准化和互操作性：行业需要共同努力制定区块链技术的标准，以确保不同系统之间的互操作性。这有助于建立一个更加透明和协调的网络，提高审计和合规性的效率。

智能合约的演进：随着对智能合约的深入理解和应用，未来的智能合约可能会变得更加智能和复杂。这将使得合规性规则能够更灵活地嵌入到智能合约中，实现更高级的自动化合规性检查和执行。

隐私保护技术：针对区块链中的隐私问题，未来的发展可能包括更加先进的隐私保护技术，例如，零知识证明。这将使得企业能够在保护数据隐私的同时，仍然享受区块链带来的透明性和不可篡改性。

合规性监管科技的崛起：随着监管机构对于数字化金融和区块链技术的认知提升，促进监管科技的发展，以适应新型数字化业务模式的监管需求。这将为企业提供更清晰的合规指南，并支持监管机构更有效地监控市场。

跨界合作：区块链的应用通常涉及多个参与方，跨越行业和国界。未来，跨界合作可能会成为常态，促使不同行业和国家之间建立更加协调的合规标准和机制，以确保全球化经济运作的合规性。

教育与培训：随着区块链技术的广泛应用，企业需要培训员工适应新的技术和合规标准。这包括培训审计专业人员、法务团队，以及高层管理人员，使其能够更好地理解和应对区块链技术带来的挑战和机遇。

监管沙盒：一些国家已经设立了监管沙盒，允许新兴科技企业在一定范围内进行实验。未来，监管沙盒可能会成为区块链技术应用和合规性实践的试验场，为新型业务模式提供更灵活的监管环境。

总体而言，区块链在审计与合规方面的作用将会随着技术的不断进步和应用的不断拓展而不断加强。企业需要保持敏锐的观察，及时调整业务模式，以更好地适应这一数字经济的发展趋势。同时，监管机构和行业组织也需要加强合作，共同制定符合实际需要的合规标准，以推动区块链技术在审计与合规领域的良性发展。

三、区块链对金融监管的挑战与机遇

随着区块链技术的快速发展，金融行业也在逐渐接受这一颠覆性的创新。区块链不仅为金融领域带来了机遇，同时也引发了一系列挑战，特别是在金融监管方面。以下将深入探讨区块链对金融监管的影响，剖析其中的挑战与机遇。

（一）区块链技术概述

区块链技术是一种去中心化的分布式账本技术，通过共识机制确保了数据的不可篡改性和透明性。其核心特性包括去中心化、分布式、不可篡改、智能合约等，这些特性为金融行业带来了一系列的机遇和挑战。

（二）区块链在金融领域的应用

支付与清算：区块链技术可以加速支付和清算过程，降低跨境支付的成本，并提高交易的安全性。通过去中心化的特性，交易可以在无需中间人的情况下完成，从而减少了支付的复杂性和费用。

数字资产与加密货币：区块链为数字资产的发行和交易提供了基础设施，推动了加密货币的发展。数字资产的去中心化特性使得其更容易实现全球范围内的交易，同时也引发了监管层面的一系列问题。

智能合约：智能合约是以代码形式编写的合同，能够在满足预定条件时自动执行。在金融领域，智能合约可以用于自动化执行金融产品，如衍生品交易、保险合同等。这提高了交易的效率，但也带来了新的监管挑战。

众筹与融资：区块链为众筹和融资提供了新的途径，通过发行代币进行融资。这使得小型企业更容易获得资金，但也引起了对投资者保护

和市场透明度的担忧。

监管科技：区块链在监管科技（RegTech）领域的应用，可以帮助金融机构更有效地满足监管要求，包括反洗钱（AML）和了解您的客户（KYC）等方面。

（三）区块链在金融监管领域的挑战

匿名性和隐私问题：区块链上的交易通常是公开的，但参与者的身份可以是匿名的。这使得监管机构难以追踪和防范非法活动，如洗钱和恐怖主义融资。

法规和监管不确定性：金融监管通常基于中心化的模式，而区块链的去中心化特性与之相悖。现行的法规框架往往无法直接适用于区块链领域，导致了法规和监管的不确定性，加大了金融机构的合规风险。

跨境监管：区块链的全球性质使得跨境监管变得更为复杂。不同国家对区块链的法规态度和要求不一，导致金融机构在全球范围内难以同时遵循各国的监管要求。

智能合约执行的不确定性：智能合约的执行是由代码自动完成的，这带来了一定的不确定性。当智能合约出现漏洞或者执行结果与预期不符时，监管机构可能难以追责和解决争端。

技术标准和互操作性：区块链领域缺乏统一的技术标准，不同平台之间的互操作性有限。这使得监管机构难以确保金融机构在不同平台上的合规性和数据安全性。

（四）区块链在金融监管领域的机遇

实时监管和透明度：区块链的透明性和实时性使得监管机构能够更加实时地监控金融市场的活动。交易数据被实时记录在区块链上，监管机构可以更迅速地发现异常交易和潜在风险。

降低合规成本：区块链技术可以通过自动化执行合规性检查，减少金融机构的合规成本。智能合约的运用可以确保交易符合法规，降低了违规的可能性。

加强身份验证和反欺诈：区块链的去中心化身份管理系统可以加强用户身份验证，防止欺诈行为。通过在区块链上存储客户信息，金融机构可以更安全地进行业务，同时符合 KYC 规定。

监管科技的发展：监管科技的发展是区块链为金融监管带来的机遇之一。监管科技可以利用区块链的特性，更有效地进行监管。例如，监管机构可以借助区块链技术实现对金融机构的实时监控，及时发现并处理市场异常波动。此外，区块链的不可篡改性也有助于建立更可信的监管报告和审计记录，提高监管的透明度和可信度。

提高交易效率：区块链技术可以加速金融交易的结算和清算过程，降低金融机构的运营成本。这不仅有助于提高金融市场的整体效率，也为监管机构提供了更准确、实时的数据，从而更好地履行监管职责。

促进金融创新：区块链技术为金融行业带来了全新的商业模式和金融产品。监管机构可以通过积极引导和支持金融创新，推动区块链技术在金融领域的应用，从而更好地适应数字经济的发展。

建立跨境合作机制：区块链的全球性特征促使监管机构需要建立跨境合作机制。通过制定共同的法规标准和合规框架，监管机构可以更好地应对全球化金融活动带来的挑战，降低跨境监管的复杂性。

数字身份管理：区块链技术可以用于建立更安全、去中心化的数字身份管理系统。这有助于防止身份盗窃和欺诈，提高金融交易中的身份验证水平，符合 KYC 和 AML 的法规要求。

区块链的普及促使监管创新：金融机构和监管机构在逐渐接受和应用区块链技术的过程中，不可避免地会面临新的挑战，但也将催生监管的创新。为了更好地监管新型金融业务，监管机构可能需要更新法规框架，制定更灵活、适应性更强的监管政策。

合规性智能合约：智能合约的运用可以帮助金融机构更好地遵循法规要求。合规性智能合约可以自动执行特定的合规性检查，确保交易符合法规要求，降低违规风险。

改善金融包容性：区块链技术的去中心化特性使得金融服务更容易普及到无银行账户或难以接触传统金融体系的人群中。监管机构可以通

过支持区块链技术的应用，推动金融包容性的提升。

数据安全性的提升：区块链采用先进的加密算法，确保数据在传输和存储过程中的安全性。这有助于金融机构更好地保护客户和业务数据，符合数据隐私保护的法规要求。

总体而言，区块链对金融监管带来了众多的挑战和机遇。监管机构需要审慎权衡新技术引入的利弊，制定更适应数字经济时代的监管政策，以推动金融行业的可持续发展。同时，金融机构也应积极探索如何在合规的前提下充分利用区块链技术，实现业务的创新和升级。这需要政府、行业组织、技术公司及监管机构之间的紧密合作，共同推动区块链在金融领域的良性发展。

第六节　区块链金融创新的未来展望

一、未来区块链金融的发展趋势

随着区块链技术的不断成熟和应用领域的扩展，金融行业正迎来一场深刻的变革。区块链不仅为金融领域带来了更高效、透明的解决方案，同时也推动了金融创新的潮流。以下将深入探讨未来区块链金融的发展趋势，涵盖数字资产、中心化与去中心化金融、监管科技等多个方面。

（一）数字资产与数字货币的崛起

CBDC：随着多国央行对中央银行数字货币的研究和试点，未来有望见证更多国家推出自己的 CBDC。CBDC 的推出将加速数字货币在传统金融系统中的融合，可能改变货币政策的实施方式，提高支付系统的效率。

数字资产多样化：未来数字资产将呈现多样化发展趋势，包括稳定币、非同质化代币、数字证券等。这些数字资产将更广泛地用于跨境支付、投资和融资，推动金融市场更加开放和全球化。

DeFi 的蓬勃发展：去中心化金融是区块链金融领域的一大创新，未来有望继续蓬勃发展。DeFi 提供了无需中介的金融服务，包括借贷、交易、保险等。更多的资金和项目将进入 DeFi 生态系统，促进其多样化和蓬勃发展。

数字货币与法定货币的融合：未来可能会看到数字货币与法定货币更深度的融合，从而形成数字法币的概念。这种融合有望提高支付系统的效率，减少交易成本，同时也引发了对隐私和监管的新问题。

（二）中心化与去中心化金融的协同发展

中心化机构数字化转型：传统金融机构将更积极地进行数字化转型，整合区块链技术来提高效率、降低成本。这可能包括数字化证券发行、借贷平台的数字化等，以适应新型数字金融的发展趋势。

去中心化金融的规范化：随着 DeFi 的不断发展，未来可能会出现更多的规范化和监管措施，以确保去中心化金融系统的稳定性和可持续性。监管机构可能会制定更适应 DeFi 的法规，平衡创新与风险。

中心化与去中心化的协同创新：未来中心化金融机构和去中心化平台可能更多地进行协同创新，共同发掘区块链技术在金融领域的优势。这种协同有助于打破传统金融和区块链之间的壁垒，实现更好的融合。

跨链技术的发展：为了解决不同区块链之间的互操作性问题，需要开发更成熟的跨链技术的应用。这将使得不同的中心化和去中心化系统更好地协同工作，创造更加复杂和强大的金融服务网络。

（三）监管科技的演进

合规性智能合约的应用：随着监管需求的不断增加，需要开发更多合规性智能合约的应用。这些智能合约能够自动执行合规性检查，帮助金融机构更好地遵守法规。

监管科技的自动化：区块链技术为监管科技提供了更多的自动化可能性。监管机构可能会更广泛地采用人工智能和机器学习等技术，以更

高效、准确地进行监管工作。

数字身份管理的创新：区块链技术有望推动数字身份管理系统的创新。去中心化的身份验证系统可以提高安全性，防止身份盗窃和欺诈，同时符合法规的要求。

监管沙盒的扩大：为了更好地适应创新和技术变革，监管沙盒可能会在更多的国家和地区扩大。这将为金融科技公司提供更灵活的试验环境，同时监管机构可以更及时地了解新技术带来的挑战和机遇。

（四）技术创新的推动

Layer 2 解决方案的发展：Layer 2 解决方案旨在通过在区块链之上构建更高效的结构，提高交易吞吐量和降低费用。这些解决方案，如 Rollups 和 Sidechains，有望在未来成为主流，加速区块链金融应用的发展。针对区块链的可扩展性问题，未来可能会看到更多的 Layer 2 解决方案的应用。

隐私保护技术的应用：隐私一直是数字金融领域的一个重要问题。未来，隐私保护技术可能会更加成熟，包括零知识证明、同态加密等。这将有助于提高用户数据的安全性，同时符合相关法规要求。

量子计算的崛起：随着量子计算技术的不断发展，未来金融领域可能面临加密算法的破解风险。因此，区块链系统可能需要逐步引入抗量子计算攻击的加密算法，以确保安全性。

社会化金融和去中心化自治组织（DAO）：未来可能会看到更多社会化金融应用的崛起，包括去中心化的自治组织（DAO）。这些组织将通过区块链技术实现更加民主化的决策和资源分配，推动社会和金融的深度融合。

绿色区块链：随着对环境问题的关注日益增加，未来区块链技术可能会朝着更为环保的方向发展。新的共识机制和能源有效的区块链网络可能会得到更广泛的应用，以减轻能源消耗对环境的不良影响。

充分认识到这些技术创新的潜力，金融机构和监管机构将更积极地与科技公司合作，推动这些技术在金融领域的落地和应用。

（五）风险与挑战

安全性与隐私问题：随着区块链技术的广泛应用，安全性和隐私问题仍然是亟待解决的挑战。尤其是在去中心化金融领域，智能合约的漏洞、隐私数据的泄露等问题可能引发重大风险。

监管与法律问题：由于区块链的边界不断拓展，监管和法律制度相对滞后可能导致一系列问题。因此，未来需要加强全球合作，制定更适应数字经济的监管框架。

技术标准和互操作性：区块链领域目前缺乏统一的技术标准，不同区块链平台之间的互操作性有限。这使得整个系统难以实现协同发展，需要为标准化做更多的努力。

社会接受度：区块链技术在金融领域的推广也需要考虑社会接受度。公众对于新技术的接受和理解程度将影响其在金融体系中的应用速度。

未来区块链金融的发展将继续呈现多元化和创新化的趋势。数字资产、中心化与去中心化金融、监管科技等方面的发展将推动金融行业迈向数字化、智能化的未来。然而，这一发展过程也伴随着一系列的挑战，包括安全性、监管法律、技术标准等问题。在未来的发展中，各方需要通力合作，共同推动区块链金融的良性发展，以实现金融体系的创新和效率提升。

二、区块链金融创新的潜在挑战

区块链技术的快速发展和广泛应用正在推动金融行业进入全新的数字时代。随着区块链金融创新的不断涌现，虽然带来了许多机遇，但也面临着一系列潜在的挑战。以下将深入研究区块链金融创新的潜在挑战，涵盖技术、监管、隐私等多个方面。

（一）技术挑战

可扩展性问题：区块链网络在面临高并发交易时可能出现可扩展性

问题。比特币和以太坊等一些主流公链由于交易速度慢和手续费高而面临限制，这对于大规模金融交易而言是一个明显的障碍。

安全性问题：尽管区块链以其分布式、去中心化的特性而闻名，但安全性仍然是一个关键问题。智能合约漏洞、51%攻击、双花攻击等安全威胁可能造成损失，因此需要不断加强网络的安全性。

标准化和互操作性：区块链行业缺乏统一的技术标准，不同区块链平台之间缺乏互操作性。这可能导致不同系统之间的数据难以共享，限制了金融创新的全球范围应用。

智能合约的安全性：智能合约作为区块链金融的核心组成部分，其安全性至关重要。由于智能合约一旦发布就无法更改，一些潜在的漏洞可能导致资金损失。因此，确保智能合约的安全性是一个重大挑战。

量子计算的崛起：随着量子计算技术的不断发展，传统的加密算法可能面临被破解的风险。这对于依赖于密码学保护的区块链技术来说是一项严重的技术挑战。

（二）监管挑战

法规不确定性：区块链技术的快速发展超过了现有的法规框架，导致了法规不确定性。监管机构在适应新技术的同时需要制定新的法规，但这个过程可能较为缓慢，企业难以适应不断变化的法规环境。

跨境监管：区块链技术超越国界，但各国对于区块链监管的立场和标准却不一致。这使得在全球范围内开展跨境业务成为一项复杂的任务，需要适应不同的监管要求。

合规性难题：区块链金融创新涉及的数字资产、智能合约等新兴技术带来了合规性方面的难题。监管机构需要制定新的规则和标准，以确保创新产品和服务符合法规，同时保护投资者权益。

去中心化的监管难题：去中心化的特性使得监管机构在区块链网络上难以行使监管权力。智能合约的自动执行和去中心化金融的匿名性可能导致监管的缺失，进而增加了违规行为的风险。

防洗钱和反恐怖融资：区块链技术的匿名性使得监管机构更难追踪

资金流动，防范洗钱和反恐怖融资成为一项更加复杂的任务。制定有效的监管措施成为一个亟待解决的问题。

（三）隐私和安全性挑战

个人隐私问题：区块链技术天生的透明性可能涉及个人隐私的问题。在金融交易中，如何平衡透明性和个人隐私成为一个需要着重考虑的考虑因素。

数据管理与存储：区块链上的数据一经写入就无法修改，这对于敏感数据的管理提出了挑战。尤其是在符合法规的前提下处理和存储金融数据，确保数据的安全性和合规性。

社交工程和网络攻击：社交工程和网络攻击是区块链网络中潜在的威胁。针对个人或组织的网络攻击可能导致金融数据泄露、恶意操控市场等问题。

身份管理：区块链技术的匿名性和去中心化特性可能导致身份管理的困难。确保在金融交易中进行有效的身份验证是一个挑战。

（四）市场和社会挑战

市场接受度：大众对于区块链金融产品和服务的市场接受度是一个潜在的挑战。尽管区块链技术给金融领域带来了创新，但大众对这一新兴技术的理解和接受程度仍然不足。缺乏足够的教育和认知可能导致用户对新金融产品的抵触情绪。

技术门槛：区块链技术相对复杂，对于一般用户和企业而言存在一定的技术门槛。推动广泛采用区块链金融产品需要更加简化和用户友好的界面，以及更容易使用的工具。

金融体系整合：区块链金融领域的创新可能需要与传统金融体系进行整合。这包括与银行、证券交易所、保险公司等传统金融机构的协作，以确保创新产品和服务能够顺利运作。

可持续性问题：区块链技术在一些公共链上的共识机制，如工作量证明，对能源的需求较大，引发了对可持续性的担忧。如何解决能源消

耗问题，推动更环保的共识机制，是一个亟待解决的挑战。

社会平等问题：尽管区块链技术被认为能够促进金融包容性，但在实际应用中，社会平等问题仍然存在。数字鸿沟、数字排斥等问题可能导致一部分人无法充分享受到区块链金融创新带来的便利。

充分认识到这些潜在挑战，金融机构、科技公司、监管机构和社会各界需要共同努力，通过技术创新、法规完善、教育宣传等手段，逐步解决这些问题，推动区块链金融创新健康可持续地发展。

（五）未来应对挑战的方向

技术创新和研发：针对可扩展性、安全性、智能合约等技术挑战，需要持续的研发和创新。推动区块链技术本身的进步，包括采用更高效的共识机制、引入 Layer 2 解决方案等，以提高整个系统的性能和安全性。

法规框架的完善：监管机构需要积极制定适应区块链金融发展的法规框架，平衡金融创新和风险防控。建立合适的监管沙盒，促进合规的区块链金融创新。

合作共赢：金融机构、科技公司和监管机构之间需要建立更紧密的合作关系。通过共同努力，促成区块链技术与传统金融体系的融合，实现更加协同的发展。

隐私和安全标准：制定更加明确的隐私和安全标准，推动在区块链上处理个人和机构敏感信息的方法和技术。确保用户数据的安全性和合规性。

社会教育和普及：加强社会对区块链技术的教育和普及工作，提高公众对区块链金融创新的认知度。通过宣传、培训和教育，帮助社会更好地理解区块链技术的潜在价值和应用场景，从而促使更广泛的接受。

环保可持续发展：针对区块链技术的能源消耗问题，需要寻求更加环保和可持续的解决方案。推动采用更节能的共识机制、探索绿色区块链技术，以降低对环境的不良影响。

社会平等和包容性：在推动区块链金融创新的过程中，要注重解决数字鸿沟和社会不平等问题。努力确保区块链技术的应用能够应用到各个社会阶层，提高金融服务的包容性。

国际合作：区块链金融涉及跨境交易和合作，因此需要更加紧密的国际合作。推动建立全球范围内的区块链标准，加强国际监管合作，以确保区块链金融创新在全球范围内的有序发展。

适应监管科技：面对监管挑战，监管机构需要积极适应监管科技的发展。采用先进的监管科技工具，如人工智能、大数据分析等，提高监管的效率和准确性。

社区治理和去中心化发展：针对去中心化金融的挑战，需要建立有效的社区治理机制。通过社区的民主决策，推动去中心化金融系统的规范化和自我调整，减少潜在的风险。

总体而言，面对区块链金融创新的潜在挑战，需要全球各方通力合作，通过技术创新、法规完善、社会教育等手段，逐步解决这些问题。同时，金融机构、科技公司和监管机构需要在合作共赢的基础上，共同推动区块链金融的健康可持续发展，实现数字经济时代金融体系的更大创新和效率提升。这一过程需要各方共同努力，不仅推动区块链技术的发展，也为金融行业的未来奠定基础。

三、区块链在全球金融体系中的角色

区块链技术的出现为全球金融体系注入了新的活力，改变了传统金融模式，推动了金融行业向数字化、去中心化的方向迈进。以下将深入探讨区块链在全球金融体系中的角色，包括其在支付结算、资产管理、金融创新、金融包容性等方面的影响与发展。

（一）支付与结算系统

即时结算与降低交易成本：传统的国际支付和结算通常需要经过多个中介和多天的时间，而基于区块链的支付系统可以实现实时结算，大大提高了资金的流动效率。此外，去除中间环节，可以降低交易成本，使得小额跨境支付变得更为经济合理。

跨境支付的便捷性：区块链技术使得跨境支付更加便捷。通过智能合约，可以规遍国际交易的各个环节，降低了信任成本，提高了支付的透明度。这对于促进全球贸易、推动金融全球化有着积极的作用。

数字货币与中央银行数字货币（CBDC）：区块链技术催生了数字货币的兴起，其中最引人注目的是中央银行数字货币（CBDC）。CBDC 的发展有望在全球金融体系中发挥更为重要的角色，为国际贸易提供更高效的支付和结算手段，同时也引发了对传统货币政策和金融体系的重新思考。

（二）资产管理与证券发行

数字资产的多样化：区块链技术推动了数字资产的多样化发展，包括数字货币、稳定币、非同质化代币（NFTs）等。这些数字资产在全球范围内的发行和流通，为投资者提供了更广泛的选择，也为企业提供了更便捷的融资渠道。

去中心化金融（DeFi）：区块链的核心理念之一是去中心化，而 DeFi 正是基于这一理念构建起来的金融体系。DeFi 应用包括借贷、交易、稳定币发行等，无需传统中介机构，降低了金融服务的门槛，使得更多人可以参与到金融活动中。

数字证券的发行与交易：区块链技术使得数字证券的发行和交易更为高效。通过智能合约，可以实现证券的自动化管理，提高市场的流动性。这为全球资本市场的创新提供了新的思路，同时也对传统证券行业提出了挑战。

（三）金融创新与科技发展

智能合约的应用：区块链技术的一个核心特征是智能合约，它们是自动执行的合同代码，无需第三方中介。智能合约的应用领域包括保险、贸易融资、供应链金融等，大大提高了金融交易的效率，减少了人为错误和欺诈的可能性。

金融数据的透明度：区块链的去中心化和不可篡改性使得金融数据

更加透明。在一个共享账本上，所有交易都可以被追溯和验证，这有助于减少金融欺诈，提高市场的透明度，增强了投资者对市场的信心。

众筹和发行代币经济：区块链为众筹提供了更加公正和透明的机制，通过发行代币进行融资。这一模式降低了初创企业融资的门槛，使得更多创新项目能够获得资金支持。

金融科技的崛起：区块链与人工智能、大数据等金融科技的结合，推动了金融服务的创新。例如，区块链技术可以改善信用评估、反欺诈检测等方面，为金融科技领域提供更加强大的工具。

（四）金融包容性与社会影响

无银行账户的金融服务：区块链技术为全球范围内缺乏银行账户的人们提供了新的金融服务途径。通过数字钱包，用户可以方便地参与到金融活动中，这对于发展中国家的金融包容性有着显著的影响。

减少汇款成本：区块链技术的应用可以降低国际汇款的成本，尤其是对于一些无法轻松获得传统银行服务的人们。

社会公平与金融包容：区块链技术通过去中心化、透明的特性，为社会公平和金融包容性的提升创造了机会。无论是通过数字身份验证解决传统金融中的身份问题，还是通过去中心化金融为无银行账户的人提供服务，都有助于构建一个更加包容和公正的金融系统。

数字身份与权益保护：区块链技术的去中心化身份管理系统有望解决数字身份的问题，提高用户对个人数据的掌控权。这不仅有助于防止身份盗窃和欺诈，还能推动对数字权益的保护，为用户提供更安全的金融体验。

（五）全球金融体系中的挑战与前景

监管与法规：区块链技术的快速发展对传统金融监管提出了新的挑战。监管机构需要适应这一新兴技术，制定明确的法规框架，以平衡金融创新与风险防控的需求。

隐私与安全：区块链技术的透明性可能涉及到用户隐私的问题。如

何在保持透明度的同时有效保护用户隐私成为一个需要解决的问题。另外，区块链网络的安全性也需要不断加强，以防范各种网络攻击。

可扩展性：随着区块链应用的增多，一些主流区块链网络可能面临可扩展性问题。寻找更高效的共识机制、引入 Layer 2 解决方案等成为提高网络性能的关键。

社会接受度：尽管区块链技术在金融领域取得了显著进展，但在社会接受度上仍然存在挑战。公众对于新技术的接受和理解程度，尤其是在涉及金融方面的创新，需要通过教育宣传不断提高社会接受度。

国际标准与合作：区块链技术的全球性质要求加强国际间标准制定和合作。建立统一的技术标准有助于不同国家和机构更好地协同发展，推动区块链在全球金融体系中的应用。

技术发展趋势：未来的区块链技术发展将可能面临新的趋势，如量子计算的崛起、新的共识机制的出现等。金融机构和技术公司需要密切关注这些发展，及时调整策略以适应技术的演进。

总体而言，区块链在全球金融体系中的角色日益凸显，为金融行业带来了新的可能性。随着技术的不断发展和逐渐解决面临的挑战，区块链有望在未来成为金融体系中不可或缺的一部分，推动金融业向更加高效、包容和创新的方向发展。

第四章

区块链在供应链管理中的应用

第一节　供应链管理的挑战与区块链解决方案

一、传统供应链管理的问题

供应链管理是企业日常运营中至关重要的一环，涉及从原材料采购到产品交付的各个环节。然而，传统的供应链管理在面对市场变化、全球化竞争，以及新兴技术发展的同时，也暴露出一系列问题。以下将深入探讨传统供应链管理中存在的问题，包括效率低下、信息不透明、风险管理困难等，并探讨应对这些问题的创新性解决方案。

（一）效率低下

信息流不畅：传统供应链管理通常依赖于手动数据输入和纸质文档，导致信息流动不畅，容易出现错误。这会影响到整个供应链的可视性，使得企业难以及时获取准确的信息，从而影响决策的准确性和迅速性。

物流和运输问题：传统供应链中的物流和运输往往面临着低效和高成本的问题。信息不透明导致物流计划和运输路线的不精确，可能出现

货物滞留、运输过程中的损耗等情况，降低了整体的供应链效率。

库存管理困难：传统供应链中通常采用基于历史经验和季节性需求的库存管理方法，容易导致库存过剩或不足。这不仅增加了企业的仓储成本，还可能导致产品过时和滞销。

生产计划不灵活：由于传统供应链管理在生产计划上较为刚性，很难适应市场的快速变化。这可能导致生产线的过度或不足，影响企业对市场需求的灵活响应能力。

（二）信息不透明

供应链可视性差：传统供应链中信息传递的延迟和不准确性使得供应链的可视性受到限制。企业难以实时了解到供应链上下游的动态，难以及时发现问题并做出调整。

分散的数据存储：供应链中的各个参与方通常使用独立的数据存储系统，这导致了信息的碎片化。这使得整个供应链的数据难以整合，增加了数据管理的难度，也影响了对供应链全局的把控。

合作伙伴关系不透明：在传统供应链中，企业与供应商、分销商之间的合作关系通常基于合同，而不是建立在透明的信息共享和互信的基础上。这限制了合作伙伴之间的协同和合作效率。

（三）风险管理困难

风险可见性不足：传统供应链管理难以全面识别和评估潜在风险，例如，供应商破产、原材料涨价、自然灾害等。企业在面对这些风险时，通常无法迅速做出反应，从而导致损失。

单一供应源风险：部分企业依赖于单一供应源，这带来了明显的风险。当某个环节出现问题时，整个供应链可能会受到严重影响，尤其是在全球化供应链中，地缘政治和自然灾害等因素也增加了不确定性。

合规和质量问题：由于信息的不透明性，企业难以有效监控供应链中的合规和质量问题。这可能导致产品合规性问题和质量安全隐患，对企业声誉和市场造成严重损害。

（四）缺乏创新性技术应用

缺乏数字化技术支持：传统供应链管理往往依赖于人工和传统的信息管理方式，缺乏数字化技术的支持。这导致了整体的供应链管理效率低下，无法充分利用先进技术来提升业务流程。

缺乏先进的数据分析：传统供应链很难利用先进的数据分析方法，例如，大数据分析和人工智能，来预测市场需求、优化库存和改进供应链效率。这限制了企业对供应链的深度洞察。

缺乏区块链应用：区块链技术在实现供应链透明性、安全性和可追溯性方面有很大潜力，但传统供应链往往未能充分应用区块链技术。这导致了信息流的不透明和风险管理的困难。

（五）环境与可持续性问题

能源消耗：传统供应链中大量的纸质文档、物流车辆的频繁运输等都对能源造成了不小的压力，增加了供应链的环境负担。这与全球对可持续性发展的日益关注背道而驰。

浪费和过剩：由于信息不透明、库存管理不当等原因，传统供应链容易导致过剩和浪费。过多的库存可能会在产品的生命周期内造成浪费，不仅浪费了物资，还对环境产生不良影响。

缺乏环保意识：传统供应链中对环保的考虑较少，企业更关注成本和效率。缺乏对环保意识的引导，可能导致一些对环境不友好的做法，例如，过度采伐、过度捕捞等，加剧了资源消耗和生态破坏。

环境和社会责任：传统供应链往往缺乏对社会责任和环境友好的考虑。这可能引发对企业的负面评价，对企业的长期可持续经营产生负面影响。

（六）应对传统供应链管理问题的创新解决方案

数字化和物联网技术的应用：通过数字化技术和物联网技术，可以实现对供应链的全面数字化，提高信息流的透明度。传感器和物联网设

备的应用可以实时监控物流、库存和生产环节，为企业提供实时数据支持。

区块链技术的引入：区块链技术的去中心化、不可篡改的特性可以提高供应链的安全性和可追溯性。通过区块链建立的共享账本，可以实现供应链上下游的信息透明，减少信息不对称，同时提高对合作伙伴的信任。

人工智能和大数据分析：通过人工智能和大数据分析，企业可以更好地预测市场需求，优化生产计划，提高库存管理的精度。这有助于降低库存成本、减少过剩和浪费。

可持续性考虑：企业应更加关注可持续性问题，制定并执行更环保的供应链策略。这包括减少使用一次性材料、优化物流路线以减少运输成本和环境影响、支持环保的生产和包装等。

建立强大的供应链网络：加强与供应商、分销商和其他合作伙伴之间的紧密合作，建立强大的供应链网络。共享信息，共同应对市场变化，实现全球供应链的协同。

敏捷供应链管理：引入敏捷供应链管理理念，使得供应链更具弹性和适应性。这包括减小生产周期、提高产品灵活性，更快地响应市场变化。

推动数字化文化：培养组织内的数字化文化，提高员工对新技术的接受程度和使用。培训员工使用新的数字工具，鼓励创新和变革。

多样化供应源：减少对单一供应源的依赖，建立多样化的供应链网络，以降低面临的风险。

社会责任：将社会责任融入供应链管理中，关注供应链的社会和环境影响。与负责任的供应商合作，推动整个供应链的社会和环境可持续性。

总体而言，传统供应链管理的问题需要通过创新性的解决方案得以解决。数字化技术、区块链、人工智能等新兴技术的应用，以及对可持续性的关注，将有助于提升供应链的效率、透明度和可持续性，使企业更好地适应市场的变化和应对未来的挑战。

二、区块链在供应链中的优势

供应链是企业日常运营中至关重要的组成部分，而传统的供应链管理面临着信息不透明、效率低下、风险高等一系列问题。区块链技术的出现为供应链管理带来了新的解决方案，其去中心化、不可篡改、智能合约等特性使得供应链在信息传递、数据管理、合作伙伴关系等方面发生了革命性的变化。以下将深入探讨区块链在供应链中的优势，包括提高透明度、优化效率、强化数据安全等方面，并介绍创新应用及未来发展趋势。

（一）透明度的提升

全程可追溯性：区块链通过将每一次交易和事件以区块的形式链接起来，实现了供应链全程的可追溯性。无论是原材料的采购、生产流程，还是产品的运输、销售，所有的信息都被记录在不可篡改的区块中，使得企业和消费者都能够准确地追溯产品的来源和流向。

实时的可视化：区块链技术可以实现供应链数据的实时共享和更新，使得所有参与方都能够实时了解到供应链的状态。这提高了整个供应链的可视性，帮助企业更好地监控和管理供应链的各个环节。

减少信息不对称：区块链通过去中心化的特性，减少了信息在传递过程中的不对称性。所有参与方都共享同一份实时的信息，避免了由于信息不对称而导致的误解和决策不准确的问题。

强化合作伙伴关系：区块链建立在共识机制之上，加强了合作伙伴之间的信任。通过共享信息、透明的交易记录，企业与供应商、分销商之间建立了更加坚实的合作基础，推动了合作伙伴关系的深入发展。

（二）效率的优化

智能合约的运用：区块链中的智能合约是自动执行的合同代码，可以根据设定的条件自动触发和执行相关的操作。在供应链中，智能合约

可以用于自动化的订单处理、支付结算、库存管理等，提高了供应链管理的效率。

简化流程：区块链技术可以简化供应链中复杂的流程。传统的供应链管理通常涉及多个中介和手动的流程，而区块链通过去中心化、智能合约等特性，简化了交易和信息传递的过程，降低了管理的复杂度。

实时交付和库存管理：区块链使得供应链中的信息实时可见，有助于企业更好地掌握市场需求，实现实时生产和实时交付。同时，库存管理也得到了优化，避免了因库存过剩或不足而带来的问题。

去除中间环节：传统供应链中存在着多个中间环节，这增加了交易的复杂性和成本。区块链通过去中心化的特性，可以直接将生产者与消费者连接起来，去除了中间环节，提高了交易的效率。

（三）数据安全性的强化

不可篡改性：区块链的数据一旦被记录，就无法被篡改。这种不可篡改性确保了供应链中的信息的安全性和可信度，防止了数据被恶意篡改和操纵的可能性。

加密技术的应用：区块链使用了先进的加密技术，确保了数据的机密性。供应链中的敏感信息如合同、交易记录等都经过加密处理，只有经授权的参与方才能够解密和访问。

去中心化的网络结构：区块链的去中心化结构意味着没有单一的中央服务器存储所有数据，这降低了遭受网络攻击的风险。即使某个节点被攻击，整个系统仍能够正常运行。

数字身份的安全性：区块链可以实现数字身份的安全管理，确保只有经授权的用户才可以访问相关信息。这对于防止身份盗窃和欺诈有着显著的意义。

（四）供应链金融的创新

区块链应用于供应链融资：区块链技术为供应链金融提供了新的解决方案。通过将供应链上的交易数据和合同信息存储在区块链上，可以提高融资的可信度，降低融资方和资金提供方的信用风险。

智能合约在融资中的应用：智能合约可以用于自动化融资流程。当满足特定条件时，智能合约可以自动执行融资操作，包括释放资金、进行还款等。这降低了融资过程中的人为干预和操作错误的可能性，提高了融资的效率和可靠性。

基于区块链的供应链金融平台：区块链技术为建立去中心化的供应链金融平台提供了可能性。这样的平台可以将供应链上的各个参与方连接在一起，实现实时的数据共享和资金流动，为中小企业提供更加灵活和便捷的融资渠道。

数字资产的应用：区块链技术可以将供应链中的各种资产数字化并通过代币化的方式进行流通。这为供应链金融提供了更加灵活和高效的资产管理方式，也为投资者提供了多元化的投资选择。

（五）全球化供应链的优化

跨境支付与结算：区块链技术可以实现跨境支付和结算的实时性和低成本。通过数字货币或稳定币进行支付，可以避免传统跨境支付中的中间银行和汇率波动，提高了支付的效率和透明度。

供应链溯源的国际标准：区块链可以作为一个国际标准用于供应链的溯源。这对于全球化供应链来说非常重要，可以帮助企业满足国际标准和贸易要求，提高产品的可信度和国际竞争力。

合规性与国际贸易：区块链技术可以强化国际贸易中的合规性。通过智能合约和区块链的透明性，可以更好地满足各国的法规和标准，减少了由于信息不对称而引起的合规性问题，提高了国际贸易的效率。

（六）未来发展趋势

深度集成人工智能：未来，区块链与人工智能的深度集成将成为供应链管理的趋势之一。通过结合区块链的去中心化和不可篡改性，以及人工智能的数据分析和预测能力，可以实现更加智能、高效的供应链管理。

生态系统的建立：区块链在供应链中的广泛应用将推动形成一个更加健康的生态系统。各个参与方，包括生产商、供应商、物流公司、金融机构等，可以通过区块链建立更加紧密的合作，实现信息的共享和价值的共创。

可持续发展与环保：区块链将在促进可持续发展方面发挥更大作用。通过区块链技术，可以更好地追踪和管理供应链中的环境、社会和经济影响，实现更加可持续和环保的供应链管理。

数字化货币的普及：随着中央银行数字货币（CBDC）的发展，数字化货币将成为供应链中的支付和结算主流。这将进一步提高跨境交易的效率，降低支付和结算的成本。

区块链与物联网的融合：物联网与区块链的融合将推动供应链管理向更智能化的方向发展。物联网设备可以通过区块链实现更安全、可信的信息传递和数据管理，提高供应链的自动化程度。

区块链技术在供应链中的应用为传统供应链管理带来了颠覆性的改变。其具有透明度提升、效率优化、数据安全性强化等优势，使得供应链管理变得更加智能、高效和可靠。未来，随着技术的不断发展和深入应用，区块链有望在全球供应链中扮演越来越重要的角色，推动供应链向着数字化、可持续和智能化的方向发展。企业和行业从业者应密切关注区块链技术的发展，积极应用创新技术，以在激烈的市场竞争中保持竞争力。

三、区块链在供应链溯源中的应用

供应链溯源是指通过跟踪和记录产品生产、加工、运输等环节的信息，实现对产品来源和流向的追溯。传统的供应链溯源面临信息不透明、易篡改、效率低下等问题，而区块链技术的出现为解决这些问题提供了一种全新的途径。以下将深入探讨区块链在供应链溯源中的应用，包括提高产品可追溯性、强化食品安全、促进可持续发展等方面的优势，并探讨未来发展趋势。

（一）提高产品可追溯性

全程透明的交易记录：区块链技术通过建立一个不可篡改的分布式账本，将整个供应链上的交易记录以区块的形式连接起来。每一次的生产、加工、运输等环节都会被记录在区块链上，实现了对产品全程的透明追溯。这种透明度可以为企业和消费者提供关于产品历史的详尽信息，从而增强了产品的可追溯性。

实时的可视化：区块链技术使得供应链数据的实时共享和更新成为可能。通过智能合约等技术，产品信息可以实时更新到区块链上，从而使得所有参与方都能够实时了解到产品的当前状态。这提高了整个供应链的可视性，有助于及时发现和解决问题。

消费者参与的透明度：区块链技术使得消费者能够通过扫描产品上的二维码或使用手机应用程序等方式，直接获取产品的溯源信息。这样，消费者可以更加直观地了解产品的生产过程、原材料来源、运输路径等信息，提高了产品的透明度和信任度。

防伪与品牌保护：区块链在供应链中的应用可以有效防范产品的伪造和假冒。由于区块链的不可篡改性，产品的信息无法被恶意篡改，因此可以确保产品的真实性。这对于品牌保护和消费者权益有着重要的意义。

（二）强化食品安全

及时发现和隔离问题：区块链技术能够实现对供应链中每一次交易和事件的实时记录，从而在出现问题时能够迅速定位和隔离受影响的产品批次。这对于食品安全事件的及时响应和问题的解决至关重要，有助于减少食品安全事故对企业和消费者的影响。

源头追溯与快速召回：区块链的可追溯性使得在发生食品安全问题时，能够快速追溯到问题源头。这对于准确判断受影响的产品批次和迅速进行召回操作非常关键，有助于减少风险扩散和减轻食品安全事件的影响。

合规管理和证明：区块链技术可以帮助企业建立更加健全的合规管理体系。通过将合规性证明和检验报告等信息记录在区块链上，可以实现对合规性的实时监控和验证，降低了企业违规操作的风险。

信任建立与共享经济：区块链的去中心化特性和不可篡改性，为建立食品安全的信任机制提供了可能。各个参与方共享同一份实时的信息，建立了相互信任的合作关系，有助于构建共享经济模式，共同推动食品安全的提升。

（三）促进可持续发展

环保信息的追溯：区块链技术可以用于记录与环保相关的信息，例如，产品的生产过程中采用的能源、原材料的可持续性等。这有助于企业和消费者了解产品的环保性能，推动更加可持续的生产和消费模式。

社会责任的透明化：区块链的透明性使得企业的社会责任信息更容易被公众获取。通过将社会责任信息记录在区块链上，企业可以向公众证明其对社会和环境的承担，提高企业的社会声誉。

循环经济的支持：区块链技术可以记录产品的生命周期信息，包括生产、使用、回收等环节。这有助于支持循环经济模式的发展，通过资源的有效回收和再利用，降低对自然资源的依赖。

可持续供应链管理：区块链可以用于构建更加可持续的供应链管理体系。通过记录生产过程中的能源消耗、废弃物处理等信息，企业可以更好地管理和改进其供应链的可持续性。

（四）应对未来发展趋势

多层次的供应链溯源网络：未来，供应链溯源将更加多层次化和复杂化。通过区块链建立的溯源网络将不仅局限于产品的制造和流通，还将涵盖更多的信息，如环保指标、社会责任、人权问题等。这将构建一个更加全面的供应链可追溯体系，为消费者提供更全面的产品信息。

生态系统的建设：供应链溯源不再仅是企业内部的事务，而是一个包括生产商、供应商、物流公司、零售商等多方参与的生态系统。区块链的应用将帮助构建一个更加紧密、协同的供应链生态系统，实现信息的共享和价值的共创。

智能合约的更广泛应用：随着区块链技术的不断发展，智能合约的功能也将得到进一步拓展。未来的供应链溯源中，智能合约可以自动执行更多的操作，如产品质量检测、自动化的合规性审查等，提高了整个溯源过程的自动化水平。

跨行业的整合：区块链技术在供应链溯源中的应用将不仅局限于特定行业。未来，跨行业的整合将成为趋势，不同行业之间的供应链信息将能够更好地交流和整合。例如，农业与零售、制造业与物流等领域的供应链信息将更加紧密地相互连接。

物联网的深度融合：区块链与物联网的深度融合将进一步提升供应链溯源的效能。物联网设备可以实时监测产品的温度、湿度及运输过程中的震动等数据，并将这些数据记录在区块链上，实现对产品状态的实时追踪。

区块链标准的制定：随着区块链在供应链溯源中的广泛应用，制定行业标准将成为必然趋势。这有助于不同企业和行业之间建立通用的溯源标准，提高信息的互操作性，推动整个溯源系统的协同工作。

可视化技术的创新：未来，可视化技术如虚拟现实（VR）和增强现实（AR）有望与区块链相结合，为消费者提供更直观、沉浸式的产品溯源体验。消费者可以通过虚拟现实技术直观地了解产品的制造过程和供应链路径。

数据隐私与安全：随着区块链在溯源中的应用不断扩大，对于数据隐私与安全的关注也会增加。未来，可能会出现更加先进的加密技术和隐私保护机制，确保敏感信息在区块链上的安全存储和传输。

政府监管的参与：政府部门可能会更加积极地参与到供应链溯源中。区块链技术可以为政府监管提供更加透明、高效的手段，帮助政府更好地监测市场，保障公众利益。

总体而言，区块链在供应链溯源中的应用将带来深远的影响。从提高产品可追溯性、强化食品安全到促进可持续发展，区块链为供应链管

理提供了一种全新的解决方案。未来，随着技术的不断创新和行业的深入应用，区块链在供应链溯源中的作用将不断拓展和深化。企业和行业从业者应积极探索和应用这一技术，以提升供应链管理的效率、透明度和可信度。

第二节　区块链在物流与运输中的应用

一、区块链技术改善物流效率

物流作为现代供应链管理的核心组成部分，其效率对于优化企业运营和产品流通具有至关重要的作用。传统的物流管理面临着信息不透明、数据孤岛、效率低下等一系列问题，而区块链技术的出现为解决这些问题提供了新的可能性。本节将深入探讨区块链技术在物流中的应用，包括提高运输透明度、优化供应链流程、强化信息安全等方面的优势，并分析未来区块链技术对物流效率改善的潜在影响。

（一）提高运输透明度

全程可追溯的运输记录：区块链技术通过建立分布式账本，实现了货物运输全程的可追溯性。每一次的交付、中转、签收等环节都被记录在不可篡改的区块中，使得企业和参与方能够实时追踪货物的位置和状态。这种全程可追溯性有助于减少运输过程中的信息不对称，提高运输透明度。

实时共享运输信息：区块链技术通过去中心化的特性，实现了运输信息的实时共享。运输信息包括货物位置、运输进度、预计到达时间等，这些信息可以被所有参与方共享，从而提高整个物流系统的协同效率，减少信息延迟和误差。

智能合约的运用：智能合约是区块链中的自动执行合同代码，可以用于自动化运输过程中的各个环节。例如，智能合约可以根据货物的实时位置自动触发支付，减少了人为干预和支付过程中的延迟。

货物溯源与质量管理：区块链技术可以记录货物的生产、存储、运输等全过程信息，实现货物的全程溯源。对于需要注意质量和安全性的产品，区块链的应用可以帮助企业及时发现和解决质量问题，降低产品召回的风险。

（二）优化供应链流程

智能合约优化订单处理：区块链中的智能合约可以自动执行订单处理和支付操作。在传统的供应链中，订单处理通常需要多个环节和人工干预，容易出现错误和延迟。通过智能合约，订单可以在符合条件的情况下自动执行，提高了订单处理的效率。

简化清关流程：跨境物流中的清关流程通常复杂而耗时。区块链技术可以将关税、检验报告、发票等相关文件以数字形式记录在区块链上，实现实时共享和验证。这简化了清关流程，提高了通关速度，降低了物流成本。

实时库存管理：区块链技术可以实现实时共享库存信息，包括仓库存储量、货物状态、出入库记录等。这有助于企业更准确地掌握库存情况，避免过多或过少的库存，提高了库存管理的效率。

供应链金融的创新：区块链技术为供应链金融带来了新的创新。通过将供应链上的交易数据和合同信息存储在区块链上，可以提高融资的可信度，减少融资方和资金提供方的信用风险，从而优化了供应链中的资金流动。

（三）强化信息安全

区块链技术通过强化信息安全改善物流效率，具体作用同第四章第一节中区块链在供应链中的优势部分，此处不再赘述。

（四）实现智能物流

物联网的融合：区块链和物联网的融合将推动物流向更智能化的方

向发展。物联网设备可以实时监测货物的位置、温湿度、运输条件等信息，并将这些数据通过区块链记录下来。这为实现智能物流提供了基础，使物流管理更加精准和高效。

预测性分析与优化：区块链技术可以结合数据分析和人工智能，实现对物流过程的预测性分析。通过对历史数据和实时数据的综合分析，可以预测货物运输中可能出现的问题，提前做好调度和优化，从而降低运输成本，提高物流效率。

共享经济与物流网络：区块链技术为物流行业的共享经济提供了技术支持。通过建立去中心化的物流网络，不同的物流公司、仓储企业和运输服务提供商可以通过区块链进行直接合作，实现资源的共享、提高运输利用率，从而降低整体的物流成本。

即时支付与结算：区块链技术通过智能合约实现了即时支付和结算。在传统的物流中，支付和结算通常需要经过繁琐的流程，耗费时间和资源。通过区块链，货物到达目的地后，智能合约可以自动触发支付，提高了物流结算的效率，减少了资金周转时间。

自动化的智能合约执行：区块链中的智能合约可以实现自动执行，从而减少了物流中的人为操作和纠纷。例如，当货物到达指定目的地时，智能合约可以自动更新物流状态、触发支付，无需人工干预。这种自动化提高了物流执行的效率和准确性。

（五）未来发展趋势

区块链标准的制定与合规性：随着区块链在物流中的广泛应用，相关的标准和规范将逐渐制定并得到广泛认可。这有助于提高不同区块链系统之间的互操作性，促进物流行业的标准化发展，同时为行业的合规性提供更加明确的指导。

区块链与 5G 技术的结合：5G 技术的广泛应用将进一步推动区块链在物流中的应用。5G 的高速、低时延特性可以提供更稳定和快速的网络连接，适用于大规模的物联网设备。区块链和 5G 的结合将为物流行业带来更多创新，提高物流信息的实时性和精准性。

生态系统的建立：区块链在物流中的应用将逐渐形成一个庞大的生态系统。不同的参与方，包括生产商、物流公司、零售商、政府监管等，将通过区块链建立更加紧密的合作关系，实现信息的共享和价值的共创。

环保物流的推动：区块链技术可以帮助实现物流过程中的环保管理。通过记录能源消耗、废弃物处理等信息，企业可以更好地衡量和改进其物流过程的环保性能，推动物流朝着更可持续的方向发展。

跨境物流的进一步优化：区块链技术在跨境物流中的应用将得到进一步优化。通过智能合约和实时共享数据，可以简化清关流程、提高通关速度，从而加快跨境物流的整体效率。

区块链物流平台的崛起：随着区块链在物流中的应用不断深入，可能会涌现出更多的区块链物流平台。这些平台将整合各类物流服务，为企业提供更便捷、高效的物流解决方案，促进整个物流行业的数字化转型。

区块链与人工智能的深度融合：未来，区块链和人工智能的深度融合将成为物流领域的重要发展趋势。通过结合区块链的去中心化和不可篡改性，以及人工智能的数据分析和预测能力，可以实现更加智能、高效的物流管理。

区块链技术在物流中的应用为整个供应链管理带来了巨大的变革。从提高运输透明度、优化供应链流程到强化信息安全，区块链为物流业带来了更高效、透明和安全的解决方案。未来，随着技术的不断发展和行业的深入应用，区块链在物流中的作用将继续扩大，为物流行业带来更多创新和机遇。企业和从业者应积极探索和应用这一技术，以在激烈的市场竞争中保持竞争力。

二、区块链在货物跟踪与定位中的应用

随着全球物流网络的不断扩大和物流活动的日益复杂，货物跟踪与定位成为了供应链管理中至关重要的环节。传统的物流系统往往存在信息不透明、数据孤岛、容易篡改等问题，而区块链技术的出现为解决这

些问题提供了一种创新性的解决方案。本文将深入探讨区块链在货物跟踪与定位中的应用，包括提高透明度、防篡改性、实时共享等方面的优势，并分析未来区块链技术对货物跟踪与定位领域的潜在影响。

（一）提高透明度

全程透明的交易记录：区块链技术通过建立不可篡改的分布式账本，将货物的每一次交易和位置变更都记录在区块链上。这使得整个货物的运输过程变得透明，从发货地到目的地的每一个环节都能被清晰追踪，提高了货物运输的透明度。

实时的可视化：区块链技术实现了货物信息的实时共享和更新。通过智能合约等技术，货物的状态、位置、交接等信息可以实时记录在区块链上，所有参与方都能够实时了解到货物的当前情况，从而提高了整个货物跟踪过程的可视化水平。

去中心化的透明性：区块链的去中心化特性确保了没有单一的中央机构掌控所有信息。所有参与方共同参与到区块链网络中，各方都能够获取到相同的、实时的信息，从而降低了信息不对称的问题，提高了透明度。

供应链各参与方的可见性：区块链技术通过智能合约和权限管理，可以实现不同参与方对于货物信息的有序访问。发货方、承运方、收货方等各参与方都可以在区块链上获取到与其角色相关的信息，而无需过多的中介环节，进一步提高了透明性。

（二）防篡改性

不可篡改的数据记录：区块链中的数据一旦被写入，就无法被修改或删除。这种不可篡改性确保了货物的相关信息不会被恶意篡改，增加了数据的可信度和真实性。

数字签名的应用：区块链中的数字签名机制可以确保信息的完整性和真实性。每一次货物信息的变更都需要经过数字签名验证，只有通过了验证的信息才能够被写入区块链，防止了信息被篡改的风险。

智能合约的执行：智能合约是区块链中的自动执行合同代码，可以在满足条件的情况下自动执行相关操作。在货物跟踪中，智能合约可以自动验证和更新货物的位置和状态，减少了人为操作和可能的篡改风险。

防范欺诈与非法操控：区块链技术的透明性和不可篡改性可以防范欺诈行为和非法操控。所有参与方都能够在区块链上看到相同的信息，任何试图操控数据的行为都会立即被检测到。

（三）实现实时共享

实时监控与更新：区块链技术可以实现对货物位置和状态的实时监控和更新。物联网设备和传感器可以实时采集货物的位置、温湿度、震动等数据，并将这些数据通过区块链网络传输并记录。这确保了货物信息的及时更新，所有相关方都能够实时获取最新的货物状态。

即时通知和异常处理：区块链技术可以结合智能合约，实现对货物状态的实时监控。一旦出现异常情况，如货物受损、交付延迟等，智能合约可以自动触发通知相关参与方，并启动相应的异常处理程序。这有助于及时解决问题，减少潜在的损失。

供应链协同与优化：区块链实现了供应链各个环节的实时共享，这促进了供应链的协同与优化。各参与方可以根据实时的货物信息进行调整和优化，提高供应链的整体效率。例如，在预测到交通拥堵的情况下，可以通过实时调整路线来减少交通延误。

信息的平等共享：区块链通过去中心化的特性，确保了信息的平等共享。无论是货物的发货方、承运方还是收货方，都能够在区块链上获取到相同的信息，消除了信息不对称的问题，提高了协同工作的效率。

（四）未来发展趋势

物联网与区块链的深度融合：随着物联网技术的不断发展，物联网设备在货物跟踪中的应用将更加广泛。物联网设备通过将传感器收集的实时数据与区块链技术深度融合，为货物跟踪提供更为精准和全面的信息。

5G 技术的应用：5G 技术的广泛应用将进一步提升区块链在货物跟踪中的效能。5G 的高速、低时延特性可以更好地支持大规模物联网设备的连接，提供更为稳定和高效的数据传输，进一步增强了货物信息的实时性。

多链互联：随着区块链技术的发展，可能会出现多个独立的区块链网络。多链互联技术将不同的区块链网络连接起来，实现跨链操作。这有助于不同参与方之间的信息共享，推动整个货物跟踪系统的互操作性。

数字孪生技术的应用：数字孪生技术将虚拟世界与实际世界相结合，为实体物体创造一个数字影子。在货物跟踪中，数字孪生技术可以通过模拟实际物体的运动和状态，提供更为直观和全面的信息，增强货物跟踪的效果。

智能合约功能的拓展：随着智能合约技术的不断发展，其功能也将进一步拓展。未来，智能合约可以实现更复杂的条件判断和自动执行，例如，根据天气情况调整运输路线，根据货物状态触发保险赔付等。

生态系统的建立：区块链在货物跟踪中的应用将逐渐形成一个庞大的生态系统。不同的参与方，包括生产商、承运商、仓储企业、保险公司等，将通过区块链建立更紧密的合作关系，实现信息的共享和价值的共创。

可持续物流的推动：区块链技术有助于推动可持续物流的发展。通过记录货物的生产过程、运输过程等环节的环保指标，企业可以更好地评估和改进其供应链的可持续性，推动物流行业朝着更环保的方向发展。

总体而言，区块链在货物跟踪与定位中的应用将带来深远的影响。从提高透明度、防范篡改到实现实时共享，区块链为货物跟踪提供了一种全新的解决方案。未来，随着技术的不断创新和行业的深入应用，区块链在货物跟踪中的作用将不断拓展和深化。企业和从业者应积极探索和应用这一技术，以提升货物跟踪与定位的效率、透明度和可信度。

三、区块链在运输合同与支付中的作用

随着全球贸易和物流网络的不断扩张，运输合同和支付成为了供应链管理中的核心环节。传统的合同签订和支付流程存在信息不对称、交易延迟、合同争议等问题，而区块链技术的兴起为解决这些问题提供了一种全新的解决方案。以下将深入探讨区块链在运输合同与支付中的应用，包括智能合约、去中心化的特性、实时透明共享等方面的优势，并分析未来区块链技术对运输合同与支付领域的潜在影响。

（一）智能合约的应用

自动执行合同条款：区块链中的智能合约是一种自动执行的合同代码，可以根据预先设定的条件自动执行相应的条款。在运输合同中，智能合约可以监测运输过程中的关键事件，如货物到达目的地、交付确认等，一旦满足条件，智能合约将自动触发支付或其他操作，减少了合同执行的时间和成本。

支付的即时触发：智能合约的自动执行特性可以确保达成合同条款时即时触发支付。这消除了传统合同中等待多个中介和银行的延迟，加快了资金流动，提高了支付的效率。同时，由于智能合约的透明性，各参与方可以实时追踪支付的状态，增加了支付过程的可视化和可信度。

合同履行的自动化：区块链的智能合约可以涵盖合同的各个方面，从交付确认到保险赔付等。一旦满足合同中设定的条件，智能合约将自动履行合同的相应条款，无需人工干预，提高了合同履行的自动化水平。

减少纠纷和争议：区块链中智能合约的执行过程是不可篡改的，一旦被记录在区块链上，就无法修改。这减少了因为合同执行过程中的不确定性而产生的纠纷和争议，为各方提供了更可靠的合同执行保障。

（二）去中心化的特性

降低信任成本：区块链的去中心化特性意味着合同的执行不依赖于

中介机构，减少了信任成本。参与方不再需要依赖银行或其他中介来确认支付和履行合同，而是通过区块链智能合约实现自动化、去中心化的合同执行，提高了信任度。

防范欺诈：区块链的不可篡改性保证了合同和支付记录的真实性，防范了欺诈行为。由于所有的交易和合同变更都被记录在区块链上，任何恶意操作都会被立即检测到，从而加强了合同执行的安全性。

实现真实身份认证：区块链技术可以提供更加安全和可信的身份认证机制。合同中的参与方可以通过区块链上的数字身份进行验证，确保参与方的真实身份，减少了身份伪装和虚假交易的可能性。

分布式的网络结构：区块链的去中心化结构意味着数据不存储在单一的中央服务器中，而是分布在整个网络中。这降低了数据被攻击的风险，保护了合同和支付信息的安全性。

（三）实时透明共享

实时共享支付信息：区块链技术实现了支付信息的实时共享。支付记录被记录在区块链上，各参与方可以实时查看和验证支付的状态。这提高了支付信息的透明度，减少了信息不对称，提高了支付过程的可追溯性。

实时共享合同状态：区块链技术不仅能够记录支付信息，还可实时共享合同状态。参与方可以随时查看合同的执行进度、交付状态等信息，确保合同履行的实时可见性，有助于及时调整和优化合同履行过程。

协同工作的高效性：区块链中的实时共享促进了各参与方之间的协同工作。发货方、承运方、收货方等可以基于实时的合同和支付信息进行协同决策，提高了合同履行的协同效率，减少了信息延迟和误差。

提高透明度降低不确定性：区块链中的实时共享降低了合同和支付过程中的不确定性。所有相关信息都被记录在区块链上，各方可以在同一平台上获取到相同的信息，减少了信息传递中的时间滞后和信息失真，提高了整体透明度。

（四）未来发展趋势

数字货币和稳定币的应用：随着数字货币和稳定币的兴起，未来运输合同与支付中可能出现以数字货币为基础的支付方式。区块链技术可以支持数字货币的安全交易，并通过智能合约实现自动支付和合同执行。这将提高支付的便捷性和效率，同时减少跨境支付的复杂性。

多方智能合约的发展：多方智能合约是一种允许多个参与方参与的智能合约形式，可以实现更复杂的合同条款和条件。在运输合同中，可能涉及多个参与方，多方智能合约将为这些复杂场景提供更灵活、高效的解决方案。

生态系统的形成：区块链技术在运输合同和支付中的应用将逐渐形成一个庞大的生态系统。不同的参与方，包括发货方、承运方、保险公司、金融机构等，将通过区块链建立更加紧密的合作关系，共同构建一个透明、高效的运输合同和支付生态系统。

非同质化代币技术的整合：NFT 技术的发展可能为运输合同中的某些资产引入新的形式。例如，通过将运输合同、货物信息等资产进行 NFT 化，可以实现更细粒度的资产管理和交易，增加了资产的可分割性和流动性。

链上治理与合同更新：区块链的链上治理机制可以让参与方共同更新和修改合同。合同的变更通过链上的共识机制得到验证，确保了更新的公正性和透明性。这有助于在运输合同中灵活应对变化的需求，提高了合同的适应性和实时性。

智能支付与供应链融资：区块链技术可以支持智能支付和供应链融资的发展。通过智能合约实现支付的自动化，同时将支付信息和合同数据纳入区块链，有助于提高供应链的融资可信度，为参与方提供更灵活的资金流动和融资渠道。

跨境支付的创新：区块链技术的应用将为跨境支付带来创新。由于区块链的去中心化和全球性质，可以简化跨境支付的流程，减少汇率波动带来的风险，提高支付的快速性和成本效益。

合规性和法律框架的建设：随着区块链在运输合同与支付中的广泛应用，相关的法律框架和合规性标准将得到进一步建设。这有助于明确区块链合同在法律上的效力，并为运输合同的签署和执行提供更为明确的法律基础。

总体而言，区块链在运输合同与支付中的应用为整个供应链管理带来了革命性的变化。从智能合约的自动执行、去中心化的信任机制到实时透明的信息共享，区块链为运输合同和支付提供了更高效、透明和安全的解决方案。未来，随着技术不断发展和应用场景的拓展，区块链将继续在运输合同与支付领域发挥关键作用，为全球供应链的数字化和智能化提供强有力的支持。企业和从业者应积极探索和应用这一技术，以在激烈的市场竞争中保持竞争力。

第三节　区块链在库存管理与仓储中的应用

一、区块链技术优化库存流转

库存管理一直是企业供应链中的重要环节，直接影响到生产计划、资金利用率，以及客户满意度。传统的库存管理存在信息不透明、数据孤岛、流通环节复杂等问题，而区块链技术的崭新特性为优化库存流转提供了创新的解决方案。本节将深入探讨区块链在库存流转中的应用，包括透明性提升、数据共享优化、智能合约的运用等方面的优势，并分析未来区块链技术对库存管理的潜在影响。

（一）透明性提升

实现全程透明：区块链技术通过建立不可篡改的分布式账本，可以记录库存的全程流转信息。从生产到仓储、再到销售，每一步操作都被透明记录，各参与方都能够实时查看整个库存流转的状态。这种透明性提升有助于解决信息不对称问题，减少因为信息不透明而导致的库存管理不精准的情况。

追溯性的强化：区块链的不可篡改性确保了库存流转信息的真实性，使得每一件商品的生产、进出库等环节都能够被准确追溯。在发生问题或召回情况时，追溯性的强化有助于快速定位问题源头，减小召回的范围，降低企业和消费者的损失。

去中心化的信息共享：区块链的去中心化特性使得所有参与方都能够在同一平台上共享信息，而不受中心化的制约。制造商、供应商、物流公司、零售商等各方可以通过区块链平台实时共享库存信息，实现信息的平等共享，提高整个供应链的透明度。

减少人为干预：区块链中的数据一旦被写入，就无法被修改。这减少了人为篡改数据的可能性，提高了库存信息的准确性。减少了人为干预也降低了信息被操纵的风险，增加了库存信息的可信度。

（二）数据共享优化

实现实时数据同步：区块链技术可以实现实时的库存数据同步。不同参与方之间的库存信息可以通过区块链网络实时更新，避免了传统库存管理中数据不同步、信息滞后的问题。这有助于所有相关方基于最新的库存数据做出决策，提高库存管理的时效性。

供应链协同优化：区块链技术促进了供应链各环节的实时数据共享。制造商、供应商、物流公司和零售商等都能够获取到同一版本的库存数据，从而更好地协同工作。在需求变化或突发事件发生时，各参与方可以及时调整库存策略，减少库存浪费和库存断货的风险。

减少重复数据录入：区块链中的数据是共享的，不同参与方之间无需重复录入相同的库存信息。一旦某一方更新了库存数据，整个网络都能够实时同步，避免了重复性的数据录入，提高了数据录入的效率。

统一数据标准：区块链可以通过智能合约等机制，实现以统一标准录入数据。不同的参与方都按照相同的数据格式和规范录入库存信息，确保了数据的一致性和可比性。这有助于提高库存数据的质量和可信度。

（三）智能合约的运用

自动化库存管理：区块链中的智能合约可以实现库存管理的自动化。例如，当库存水平低于某一阈值时，智能合约可以自动触发补货流程，向供应商发出订单，并实时更新相关参与方的库存信息。这种自动化的库存管理减少了人工干预，提高了库存管理的效率。

供应链融资的智能触发：区块链中的智能合约可以与供应链融资相结合。当库存数据符合某一条件时，例如，库存周转速度达到一定水平时，智能合约可以触发相应的供应链融资操作。这有助于提高企业的资金流动性，降低融资成本。

实现库存共享：智能合约可以实现库存的共享机制。在供应链上下游之间，库存可以通过智能合约进行共享，以最大化库存的利用率。例如，制造商的闲置库存可以被授权给供应商使用，减少了库存浪费。

预测性库存管理：基于区块链中的历史数据和智能合约，可以实现预测性库存管理。智能合约可以根据历史库存流转数据和市场需求趋势，预测未来的库存需求，并自动进行库存调整。这种预测性的库存管理可以减少库存过剩和缺货的风险，提高库存的精准度。

库存质量管理：智能合约还可以应用于库存质量管理。通过在区块链上记录库存的质量检测结果，智能合约可以根据设定的条件自动触发相应的处理措施，如报废、维修或重新分配。这提高了库存质量管理的实时性和准确性。

（四）未来发展趋势

物联网与区块链的深度融合：随着物联网技术的发展，物联网设备可以实时监测和采集库存的各项数据，如温湿度、位置等。将物联网与区块链深度融合，可以实现库存数据的更全面、实时的记录和管理，提高库存信息的准确性。

数字孪生技术的应用：数字孪生技术将实物对象的数据与其数字表示相结合，创建一个实时的数字影子。在库存管理中，数字孪生技术可以通过模拟库存物品的运动、状态等信息，实现更为全面和直观的库存监管，进一步提高库存管理的效率。

多链互联：随着不同企业和组织采用不同的区块链网络，多链互联技术将成为未来的趋势。库存信息涉及多个参与方，不同的供应链环节可能使用不同的区块链网络。多链互联可以实现这些区块链网络之间的数据互通，促进库存信息的流动和共享。

人工智能的应用：人工智能技术可以在库存管理中发挥更大的作用。通过与区块链结合，可以实现更精准的库存需求预测、优化供应链计划和提高库存流转效率。人工智能的算法可以分析区块链中的大数据，提供更智能的决策支持。

供应链金融的创新：区块链在库存流转中的广泛应用将推动供应链金融的创新。通过智能合约，库存数据的实时共享可以为供应链融资提供更多的可信数据，降低融资的风险，推动供应链金融的发展。

生态系统的建立：区块链在库存管理中的应用将逐渐形成一个生态系统。不同的参与方，包括制造商、供应商、物流公司、零售商等，将通过区块链建立更紧密的合作关系，共同推动库存管理的创新和优化。

可持续库存管理：区块链技术有助于推动可持续库存管理的发展。通过记录库存物品的生产和流转过程，企业可以更好地评估和改进其库存管理的环保指标，推动库存管理朝着更可持续的方向发展。

总体而言，区块链技术在库存流转中的应用为供应链管理带来了新的可能性。从透明性提升、数据共享优化和智能合约的运用，到未来发展趋势的探讨，区块链在优化库存流转方面发挥着越来越重要的角色。企业和从业者应积极探索和应用这一技术，以提高库存管理的效率、透明度和可信度。

二、区块链在仓储信息共享中的应用

随着全球贸易和供应链网络的复杂性不断增加，仓储信息共享变得至关重要。传统的仓储信息管理存在诸多问题，包括信息不透明、数据

孤岛、供应链中的多方参与等。区块链技术的出现为仓储信息共享提供了一种全新的解决方案。以下将深入研究区块链在仓储信息共享中的应用，包括透明性提升、实时数据同步、智能合约运用等方面的优势，并分析未来区块链技术对仓储管理的潜在影响。

（一）透明性提升

建立不可篡改的账本：区块链技术通过建立不可篡改的分布式账本，确保了仓储信息的真实性和透明度。每一次更新的信息都被记录在区块链上，形成一个连续的、不可篡改的数据链。这种特性保证了参与方都能够访问到同一版本的仓储信息，降低了信息不一致和造假的可能性。

全程可追溯性：区块链的全程可追溯性使得每一件货物的仓储历史都能够被追溯。无论是从生产到仓储再到分销，每一步操作都被准确记录，确保了货物的流通过程可追溯。在仓储信息共享中，全程可追溯性有助于提高货物流通过程的透明度，减少信息不对称。

实现去中心化的信息管理：区块链的去中心化特性意味着没有单一的中心服务器，而是数据分布在整个网络中。这降低了信息管理的单点故障风险，保障了信息的安全性。与传统的中心化仓储信息管理相比，去中心化的信息管理有助于降低信任成本，提高仓储信息共享的可靠性。

减少信息不透明：由于区块链中的数据是透明可见的，任何参与方都可以实时查看仓储信息的状态。这减少了信息不透明，提高了各方对于仓储信息的可视性。制造商、物流公司、仓库管理者等都可以基于相同的信息进行决策，减少了信息传递中的误差和滞后。

（二）实时数据同步

保证数据一致性：区块链实现了数据的实时同步，保证了所有参与方都能够获取到最新的仓储信息。无论是仓库发生的入库、出库等操作，还是供应商、制造商的订单变更，这些信息都能够被及时记录在区块链上，确保了数据的一致性。

降低数据滞后：传统的仓储信息管理中，由于数据来源分散、流程繁琐，容易导致数据滞后的问题。而区块链中的实时同步机制能够有效降低数据滞后的可能性。各参与方可以及时了解到最新的仓储状态，提高了仓储信息的时效性。

简化信息流程：区块链通过建立一个统一的信息流程，简化了数据的传递和处理流程。仓库、供应商、制造商等各方通过共享同一平台的信息，无需通过多个中介和手段进行信息传递，减少了信息传递中的环节，提高了信息传递的效率。

减少数据录入错误：区块链中的数据是共享的，不同参与方之间无需重复录入相同的仓储信息。一旦某一方更新了仓储数据，整个网络都能够实时同步，避免了重复性的数据录入，降低了数据录入错误的风险。

（三）智能合约的运用

自动化仓储操作：区块链中的智能合约可以实现仓储操作的自动化。例如，当货物到达仓库时，智能合约可以自动触发入库操作，更新库存信息，并通知相关参与方。这种自动化的仓储操作减少了人为干预，提高了仓储操作的效率。

仓储流程优化：智能合约可以根据设定的条件对仓储流程进行优化。例如，在订单量大幅增加时，智能合约可以自动调整仓库内货物的存储位置，以提高取货效率。这种智能合约的运用有助于仓储流程的灵活调整，提高了仓储管理的适应性。

异常处理的自动触发：区块链中的智能合约可以设定异常处理的条件，一旦发生异常情况（如货物损坏、丢失），智能合约将自动触发相应的处理流程，通知相关方进行处理。这减少了异常情况的延误处理时间，提高了异常处理的效率。

多方参与的合同执行：仓储涉及多个参与方，包括制造商、供应商、仓库管理者等。智能合约可以用于执行多方参与的合同条款。例如，当制造商需要从仓库提取一定数量的货物时，智能合约可以自动执行相关合同条款，包括货物数量、运输方式等，确保合同的公正执行。

库存共享机制：智能合约可以实现库存的共享机制。在供应链上下

游之间，库存可以通过智能合约进行共享，以最大化库存的利用率。例如，制造商的闲置库存可以被授权给供应商使用，减少了库存浪费。

（四）未来发展趋势

区块链技术在仓储信息共享中的应用为供应链管理带来了新的可能性，可应用于物联网技术的整合、数字孪生技术的应用、多链互联、人工智能的协同应用、供应链金融的创新、数字化仓储生态系统的建立和可持续仓储管理。从透明性提升、实时数据同步、智能合约运用，到未来发展趋势的探讨，区块链在仓储信息共享方面发挥着越来越重要的作用。企业和从业者应积极探索和应用这一技术，以提高仓储管理的效率、透明度和可信度。

三、区块链对库存成本管理的影响

随着科技的迅猛发展，区块链技术作为一种去中心化、安全可追溯的分布式账本技术，逐渐在各个行业崭露头角。库存成本管理作为企业管理中至关重要的一环，也在区块链技术的推动下发生了深刻的变革。以下将探讨区块链对库存成本管理的影响，包括其在透明性、安全性、高效率和智能化方面的改进，以及实际应用中的挑战和前景。

（一）透明性的提升

传统库存管理中，信息的不对称常常导致信息延迟、不准确及操作风险。而区块链技术通过去中心化、分布式账本的特性，实现了数据的实时更新和共享。每一次的交易都会被记录在区块链上，而这些记录是不可篡改的，使得整个供应链的信息更加透明可追溯。

在区块链的框架下，供应链的各个参与方可以实时获取到实际的库存信息、交易记录等数据，降低了信息不对称的问题。这种透明性不仅可以减少企业在库存管理中的错误决策，还能够提高企业对整个供应链的监控和管控能力，降低库存积压和滞销的风险。

（二）安全性的加强

传统的库存管理系统通常依赖于集中式的数据库，这种中心化结构容易受到黑客攻击、数据篡改的威胁。而区块链采用分布式存储和加密算法，使得数据不再集中存储在单一地点，大大提高了系统的安全性。

区块链的去中心化特性意味着没有一个中央服务器是系统的瓶颈，即使某个节点受到攻击也不会影响整个系统的运行。同时，由于区块链上的数据是经过加密处理的，保证了数据的完整性和不可篡改性。这使得库存数据更加安全，防范了潜在的数据泄漏和恶意攻击。

（三）效率的提升

传统的库存管理往往需要通过繁琐的人工操作和多次的数据传递，容易导致信息不准确、延误等问题。而区块链技术通过智能合约的应用，可以实现自动化的库存管理流程。

智能合约是一种在区块链上执行的自动化合同，它可以根据预定的规则和条件自动执行相应的操作。在库存管理中，智能合约可以根据库存水平、市场需求等因素，自动触发订单、调整库存数量，从而降低人为干预的可能性，提高库存管理的效率。

此外，区块链的分布式账本也消除了多方之间数据的不一致性，减少了信息传递和确认的时间，使得整个库存管理过程更加高效。

（四）智能化的发展

区块链技术与人工智能的结合，为库存管理带来了更多的可能性。通过区块链记录的大数据，可以进行深度学习和数据分析，为企业提供更精准的库存预测和优化建议。

智能合约和智能物联网设备的结合也使得库存管理更加智能化。智能合约可以根据物联网设备反馈的实时数据，自动调整库存策略，实现动态化的库存管理。这种智能化的库存管理可以更好地适应市场的变化，降低库存过剩和缺货的风险。

（五）挑战与前景

尽管区块链在库存管理中带来了诸多优势，但实际应用中仍然面临一些挑战。首先，区块链技术的成本较高，对于一些中小型企业而言可能存在一定的门槛。其次，法律法规和标准化的不足也制约了区块链在库存管理中的推广。此外，区块链的扩展性和性能问题也需要进一步解决。

然而，随着技术的不断进步和应用场景的不断拓展，这些问题有望逐渐得到解决。未来，区块链在库存管理中的应用前景依然十分广阔。随着区块链技术的不断成熟和普及，库存管理将更加智能、高效和安全，为企业带来更多的竞争优势。

总的来说，区块链技术对库存成本管理的影响是革命性的。通过提升透明性、加强安全性、提升效率和推动智能化发展，区块链为企业提供了更可靠、高效和智能的库存管理解决方案。尽管面临一些挑战，但随着技术的不断演进和行业的不断接受，区块链在库存管理中的应用前景依然充满希望。

透明性、安全性、高效率和智能化是区块链对库存成本管理带来的四大重要改进。透明性的提升使得供应链各参与方能够更加实时、准确地获取库存信息，有助于降低信息不对称风险。安全性的加强通过去中心化和加密技术，有效地防范了数据泄漏和恶意攻击的风险。效率的提升则得益于智能合约的应用，实现了库存管理流程的自动化，减少了人为错误和延误。智能化的发展则为企业提供了更智能、动态的库存管理策略，更好地适应市场变化。

然而，区块链在库存管理中的应用还需面对一些挑战。技术成本较高、法律法规不足、标准化问题、扩展性和性能问题都是目前需要解决的难题。企业在考虑引入区块链技术时需要综合考虑这些因素，并权衡其带来的收益和成本。

未来，随着区块链技术的不断成熟和行业的不断接受，这些挑战有望逐渐得到解决。更多的企业可能会选择采用区块链技术来改善其库存管理，从而在市场竞争中取得更大的优势。同时，政府和行业组织的支持和引导也将促进区块链在库存管理中的广泛应用。

综合而言，区块链技术对库存成本管理的影响是深远而积极的。它不仅为企业提供了更加安全、透明和高效的库存管理方式，同时也推动了库存管理向智能化的方向发展。在克服一些挑战的同时，区块链在库存管理领域有望取得更大的成功，为企业带来更大的战略价值。

第四节　区块链在供应链金融中的应用

一、区块链技术提升供应链融资效率

供应链融资是企业运营中的一项重要环节，涉及到资金流动、信息传递等多个方面。传统的供应链融资存在信息不对称、流程繁琐、风险高等问题。而区块链技术的应用为供应链融资带来了全新的解决方案。本节将探讨区块链技术如何提升供应链融资效率，涵盖透明度、信任建设、智能合约等方面的改进，同时讨论实际应用中的挑战与未来发展前景。

（一）透明度的提高

供应链融资中的信息不对称问题一直是制约融资效率的关键因素。传统的供应链融资过程中，各个参与方之间的信息交流通常受到时间和空间的限制，容易导致信息滞后、不准确。而区块链技术通过分布式账本的机制，实现了去中心化的数据存储和实时更新，提高了供应链信息的透明度。

在区块链上，每一次的交易和信息更新都被记录在一个不可篡改的区块中，供应链上的各个参与方可以实时共享这些信息。这种透明度不仅提高了各方对供应链信息的可见性，还减少了信息不一致和可篡改的

可能性。供应链融资方能够更加准确地评估风险，从而提高对融资申请的审批效率。

（二）信任建设

传统的供应链融资中，由于信息不对称和不透明，各方之间的信任度相对较低，往往需要依赖繁琐的审查流程来确保资金的安全。而区块链技术通过去中心化、不可篡改的特性，构建了一个基于共识机制的信任体系，提高了各方之间的信任度。

区块链上的数据是经过加密的，且不可篡改，一旦被记录，就无法修改。这意味着供应链融资方、供应商、金融机构等参与方可以更加信任彼此提供的信息。智能合约的应用也有助于自动化信任建设的过程，通过设定预定的规则和条件，确保各方履行其责任，减少了合同履行过程中的风险。

（三）智能合约的运用

区块链的另一项关键技术是智能合约，它是一款自动执行合同条款的计算机程序。在供应链融资中，智能合约可以用来自动执行融资流程中的各个环节，提高操作效率。

通过智能合约，供应链融资中的各方可以在不需要中介的情况下进行融资操作。例如，当供应商完成一笔交易时，智能合约可以自动触发资金的释放，而无需等待传统融资流程中的繁琐审批程序。这种自动化的融资过程不仅提高了效率，还减少了因为人为操作而引起的错误和滞后。

（四）溯源能力的加强

供应链融资中，资金的去向和使用一直是一个难以监管的问题。区块链的溯源能力通过将每一笔交易和资金流向都记录在不可篡改的区块中，使得供应链融资的资金流向更加清晰可追溯。

通过区块链，金融机构可以实时了解到资金的使用情况，确保资金的流向合法合规。这种溯源能力也有助于降低供应链融资的风险，提高金融机构对融资方的信任度。同时，这也为金融监管提供了更加有效的手段，确保融资活动的合法性和透明度。

（五）挑战与前景

虽然区块链技术在提升供应链融资效率方面取得了显著的进展，但在实际应用中仍然面临一些挑战。首先，技术标准和法规制度的不足，需要相关部门和行业建立更为完善的监管体系。其次，区块链的扩展性和性能问题也需要不断优化，以适应大规模供应链融资的需求。最后，供应链上的各方需要共同推动区块链技术的应用，才能形成更为完整的信任体系。

未来，随着区块链技术的不断发展和应用场景的拓展，这些问题有望逐渐得到解决。区块链技术在提高透明度、信任建设、智能合约应用等方面的优势将继续推动供应链融资效率的提升。政府、企业和金融机构的合作与共同努力将在推动区块链技术在供应链融资中的广泛应用方面发挥关键作用。

二、区块链在供应链金融风险管理中的应用

随着全球经济的不断发展，供应链金融作为一种重要的商业金融模式，扮演着连接生产、流通和消费的关键角色。然而，供应链金融在运作中面临着各种风险，如信用风险、操作风险和市场风险等。为了更好地管理这些风险，区块链技术作为一种分布式账本技术，被广泛应用于供应链金融领域。以下将深入探讨区块链在供应链金融风险管理中的应用，从而揭示其在提高效率、降低成本和增强透明度方面的潜在优势。

（一）供应链金融的基本概念和面临的风险

1. 供应链金融的基本概念

供应链金融是指通过金融工具和服务，支持整个供应链上游和下游

企业的融资需求，促进货物和服务的流通。它包括账款融资、存货融资、订单融资等多种形式，为参与供应链的各方提供了更灵活、高效的资金管理方式。

2. 面临的风险

信用风险：由于供应链的复杂性，涉及多个环节和参与者，其中一个环节的违约可能影响整个供应链。

操作风险：与供应链中的物流、生产、仓储等操作相关的风险，如运输延误、生产故障等。

市场风险：受到市场变化的影响，包括原材料价格波动、市场需求变化等。

合规风险：由于法规和合规要求的不断变化，企业在供应链金融活动中可能面临的法律责任和合规挑战。

（二）区块链技术的基本原理

1. 分布式账本技术

区块链是一种去中心化的分布式账本技术，记录了所有参与者共同维护的交易数据。每个区块包含前一区块的哈希值，形成了一个不可篡改的链条。

2. 智能合约

智能合约是一种自动执行合同的计算机程序，它在区块链上运行。智能合约的执行基于特定的条件，无需中介，从而提高了交易的透明度和可信度。

3. 去中心化的特点

区块链去除了中心化的信任机构，通过分布式共识机制保证了交易的可靠性和安全性，降低了单点故障的风险。

（三）区块链在供应链金融中的应用

1. 透明度和可追溯性

区块链技术通过建立分布式账本，使得整个供应链的交易信息对所有参与者可见。这增强了透明度，降低了信息不对称的风险。同时，区块链的可追溯性功能可以追踪产品的生产、运输和销售历史，有助于快速定位问题并采取相应措施。

2. 智能合约的应用

智能合约可以自动执行合同条款，例如，在特定条件下释放支付。这有助于降低信用风险，因为支付是基于事实和合同条件的执行，而不是依赖于信用评级或人工干预。

3. 供应链融资的去中心化

传统供应链金融中，融资过程繁琐且需要多个中介。区块链技术的应用可以通过智能合约自动执行融资条件，减少人为干预，提高融资效率，同时去除了传统金融对中介的需求，降低了融资成本。

4. 数字化资产与溯源

区块链可以将供应链上的资产数字化，并通过去中心化的方式存储，确保其真实性和不可篡改性。这有助于降低操作风险，因为数字化资产可以更容易地被监测和管理。同时，通过区块链的溯源功能，可以追踪资产的流动，减少丢失和盗窃的可能性。

5. 风险分散与共享

区块链的分布式特性使得信息和风险能够更好地分散和共享。参与供应链的各方都能够获得实时的信息，快速响应风险，并通过共享信息降低整个供应链的风险水平。

（四）区块链在供应链金融风险管理中的优势

1. 提高效率

区块链技术的应用减少了繁琐的中介环节，通过智能合约自动执行的特性，提高了供应链金融的效率。融资、结算、资产转移等过程不再依赖于传统的人工审批和确认，而是通过程序代码自动完成，大大缩短了处理时间，提高了操作效率。

2. 降低成本

通过去除中介、简化审批流程及自动化执行合同条款，区块链技术

降低了供应链金融的整体成本。智能合约的使用减少了与信用评级、合同执行等相关的人力成本，同时降低了由于错误或欺诈引起的成本，使得供应链金融更为经济高效。

3. 加强安全性

区块链的去中心化和加密特性使得数据更为安全。传统的供应链金融存在着信息泄露和被篡改的风险，而区块链的分布式账本和加密算法确保了数据的安全性和不可篡改性。每个区块都包含前一区块的哈希值，任何尝试篡改数据的行为都会迅速被检测到，提高了整个系统的安全性。

4. 实现全球化金融互联互通

区块链技术具有跨境优势，可以为全球供应链金融提供更加便捷、迅速的服务。传统金融中，跨境交易面临着复杂的结算和清算问题，而区块链的分布式账本和智能合约可以实现全球范围内的实时结算，加速了国际供应链金融的流程，降低了交易的时间和成本。

（五）挑战与未来展望

1. 标准化和合规性

区块链在供应链金融中的应用还面临着标准化和合规性的挑战。由于不同国家和行业对于区块链的监管和标准尚未统一，因此需要制定更为明确的法规和标准，以确保区块链技术的合规应用。

2. 技术成本和性能问题

尽管区块链技术带来了诸多优势，但其实施和维护的技术成本仍然较高。同时，由于区块链的共识机制和去中心化特性，性能问题仍然存在，需要更先进的技术来提高区块链的吞吐量和响应速度。

3. 教育和接受度

区块链技术的广泛应用还需要更多从业人员对该技术的了解和接受。教育和培训将成为促进区块链在供应链金融中应用的关键因素，企业需要投入更多资源培养专业人才。

未来，随着区块链技术的不断发展和完善，以及行业对其认知的提高，可以预见区块链在供应链金融风险管理中的应用将更加深入。同时，随着标准化和合规性的逐步建立，区块链有望成为供应链金融领域的重要基础设施，为全球供应链体系提供更加安全、高效和可追溯的金融服务。

第五节　区块链在质量控制与合规性中的应用

一、区块链技术提高产品质量追溯

产品质量追溯是现代制造业中至关重要的环节，对于确保产品质量、提高生产效率和满足法规要求具有重要意义。然而，传统的质量追溯系统存在信息不对称、易篡改等问题，为了解决这些难题，区块链技术应运而生。以下将深入研究区块链技术在产品质量追溯中的应用，分析其优势和潜在挑战，以及对制造业质量管理的深远影响。

（一）产品质量追溯的重要性

1. *法规合规要求*

许多行业都面临着对产品质量和安全性的严格法规合规要求。及时有效的产品质量追溯系统不仅有助于满足这些法规要求，还能提高企业在市场上的竞争力。

2. *提高生产效率*

通过对产品质量进行追溯，制造企业可以更快速地识别和解决生产中的问题，减少次品率，提高生产效率。及时发现和纠正质量问题有助于降低生产成本和提高产品质量。

3. *增强品牌声誉*

良好的产品质量追溯系统有助于建立和保持企业的品牌声誉。在发生质量问题时，能够迅速、准确地追溯产品的生产过程，采取有效措施，可以最大程度地减少损失，并保持客户对品牌的信任。

（二）传统产品质量追溯存在的问题

1. 信息不对称

传统质量追溯系统中，生产过程中的数据和信息分散在不同的部门和环节，存在信息不对称的问题。这使得在发生质量问题时，很难快速准确地定位问题的源头。

2. 易篡改

由于数据集中存储在中心化数据库中，这使得数据容易受到篡改和伪造。在质量问题发生后，由于数据的可信度不高，往往需要花费大量时间和资源来确认问题产生的真正原因。

3. 审计困难

传统系统中的质量追溯信息通常是静态的，不容易进行动态的审计。在需要对质量追溯信息进行审计时，可能会遇到困难，影响了问题的解决效率。

（三）区块链技术在产品质量追溯中的应用

1. 建立去中心化的分布式账本

区块链技术通过建立去中心化的分布式账本，将质量追溯的信息存储在多个节点上。每个节点都有相同的完整账本，任何一处数据的更改都需要网络中多数节点的确认，从而提高了信息的不可篡改性和透明性。

2. 实现真实时间的质量追溯

区块链技术的实时性使得产品质量追溯可以更加迅速、准确。由于数据在整个网络中同步，任何一处的改动都会被即时记录和传播，大大提高了系统的实时性和反应速度。

3. 智能合约确保合规性执行

通过智能合约，可以将法规和合规要求嵌入到质量追溯系统中。只有符合法规的产品才能通过智能合约的验证，确保生产过程的合规性。这有助于企业满足法规合规要求，降低法律风险。

4. 提升数据可信度

区块链技术的特点保证了数据的可信度。数据一旦被记录在区块链上，就不可篡改，任何试图修改数据的行为都会被系统拒绝。这提高了追溯信息的可信度，使得在质量问题发生时，可以更加迅速准确地定位问题。

5. 全生命周期溯源

区块链技术可以实现产品生命周期的全程追溯。从原材料采购到生产制造，再到产品销售和售后服务，每个环节都能被准确记录和追溯。这为企业提供了更全面的生产过程信息，有助于综合分析和改进整个供应链。

（四）区块链在产品质量追溯中的优势

1. 提高数据透明度

区块链技术通过建立分布式账本，提高了质量追溯系统的数据透明度。任何参与者都可以在区块链上查看和验证数据，避免了信息不对称的问题。

2. 降低信息篡改风险

由于区块链的去中心化特点和不可篡改性，数据的安全性得到了极大提高。这有助于防止信息篡改，保障了质量追溯系统的可靠性。

3. 提升整体安全性

区块链技术采用先进的加密算法，确保了数据的安全传输和存储。这种高度的安全性降低了系统被恶意攻击或数据泄露的风险，有助于保护企业的商业机密和敏感信息。

4. 加速问题定位和解决

区块链技术的实时性和全生命周期溯源的特性，使得问题定位和解决的速度大幅提升。企业可以快速追溯产品的生产过程，找到问题的源头，及时采取措施，减少了损失和延误的可能性。

5. 减少质量问题的纠纷

由于区块链的不可篡改性和数据透明度，一旦质量问题发生，可以

迅速确定责任方。这有助于减少因质量问题引起的纠纷，提高了解决问题的效率，降低了企业的法律风险。

（五）潜在挑战和未来展望

1. 技术标准化问题

目前，区块链技术在产品质量追溯领域的应用还缺乏统一的技术标准。各个企业和行业可能采用不同的区块链平台和协议，这种缺乏标准化可能阻碍了不同系统的互操作性。

2. 成本和复杂性

区块链技术的实施和维护成本相对较高，尤其是对于中小型企业而言。同时，区块链的复杂性也需要企业投入更多资源用于培训和人员配备。

3. 隐私和合规性问题

在产品质量追溯中，一些敏感的商业信息和个人数据可能被记录在区块链上。这带来了隐私和合规性方面的担忧，需要更加严格的法规和技术手段来确保数据的安全和合规性。

未来，随着区块链技术的不断发展和完善，预计其在产品质量追溯领域的应用将不断深化。随着技术标准的制定，区块链应用的成本逐步降低，更多企业可能会加入到利用区块链提升产品质量追溯水平的行列。

区块链技术在产品质量追溯中的应用为制造业带来了革命性的变革。通过建立去中心化的分布式账本，区块链技术提高了数据的透明度、降低了信息篡改的风险、加速了问题定位和解决的速度。这些优势不仅提升了制造业的生产效率，同时也有助于满足法规合规要求，降低了法律和商业风险。

然而，区块链技术的应用仍然面临一些挑战，包括技术标准化、成本和复杂性，以及隐私和合规性等问题。解决这些问题需要全球范围内的产业合作和技术研发，以推动区块链技术在产品质量追溯领域的广泛应用。

未来，随着区块链技术的进一步成熟和行业对其认知的提高，可以预见区块链将成为制造业质量管理的关键工具，为企业提供更加安全、高效和透明的产品质量追溯服务。

二、区块链在合规性与监管中的作用

合规性与监管是现代商业环境中至关重要的方面，对企业的经营和发展具有重要影响。传统的合规性与监管框架面临着诸多挑战，包括数据不透明、易篡改等问题。区块链技术的出现为解决这些问题提供了新的可能性。以下将深入探讨区块链在合规性与监管中的作用，分析其优势和潜在挑战，以及对商业环境的深远影响。

（一）传统合规性与监管存在的问题

1. 数据不透明性

传统的合规性与监管框架中，企业的数据通常分散在不同的系统和部门，导致数据不透明。监管机构难以获取全面准确的数据，降低了监管效果。

2. 易篡改性

中心化的数据存储结构容易受到恶意篡改的威胁。这意味着企业和监管机构之间的数据交流可能存在潜在风险，影响了监管的可靠性和透明性。

3. 跨境监管问题

随着全球化的发展，跨境业务日益增多，传统监管模式面临着难以跨越国界的困境。不同国家的监管标准和流程差异大，导致监管效果受限。

（二）区块链技术的基本原理

1. 去中心化的分布式账本

区块链是一种去中心化的分布式账本技术，数据被存储在网络中的

多个节点上。每个区块都包含前一区块的哈希值，形成了不可篡改的链条。

2. 智能合约

智能合约是在区块链上运行的自动执行合同的计算机程序。它们基于预定的条件自动执行，无需中介，提高了合同的透明度和执行效率。

3. 加密算法

区块链使用先进的加密算法保护数据的安全性。这种加密方式确保了数据的保密性和完整性，防止数据被未经授权地访问或篡改。

（三）区块链在合规性与监管中的应用

1. 透明度与可追溯性

区块链技术通过建立去中心化的分布式账本，提高了数据的透明度。监管机构可以实时查看经过授权的数据，实现对企业操作的全面监控。同时，区块链的可追溯性功能使得所有数据都能被追溯到源头，确保数据的真实性和可信度。

2. 智能合约的自动执行

智能合约的应用能够实现合规性规则的自动执行。当特定的条件满足时，智能合约会自动执行相应的合规性规定，无需人工介入。这有助于降低人为错误的可能性，确保企业在合规性方面更为可靠。

3. 数据安全与防篡改

区块链采用先进的加密算法，确保了数据的安全性。由于数据存储在分布式网络中，任何尝试篡改数据的行为都会被系统拒绝。这提高了数据的完整性和安全性。

4. 跨境监管的便利性

区块链技术的全球性和去中心化特点有助于解决跨境监管问题。监管机构可以通过区块链实时获取全球范围内的数据，而无需等待传统监管渠道的信息传递，提高了监管效率。

5. 合规性审计的便捷性

区块链技术的不可篡改性和可追溯性使得合规性审计更加便捷。监管机构可以通过区块链中的记录追踪数据的整个历史，快速准确地进行审计，降低了合规性审计的复杂性和成本。

（四）区块链在合规性与监管中的优势

1. 提高合规性水平

区块链技术的应用提高了企业的合规性水平。通过透明度、可追溯性和智能合约的自动执行，企业能够更好地遵循法规和规定，降低了违规行为的风险。

2. 减少人为错误

智能合约的自动执行降低了人为错误的可能性。合规性规则的自动化执行不仅提高了效率，还减少了由于人为疏忽或错误引起的合规性问题。

3. 加强数据安全性

区块链技术采用的加密算法和分布式存储结构加强了数据的安全性。这有助于防止数据被未经授权的访问、篡改或泄露，提高了数据的保密性和完整性。

4. 降低合规性审计成本

区块链的可追溯性和不可篡改性为合规性审计提供了更为便捷的手段。监管机构可以通过区块链追溯数据的完整历史，快速准确地进行审计，减少了审计的时间，降低了审计的成本。

5. 促进跨境合规性

区块链的全球性和去中心化特点为跨境业务提供了更便捷的合规性框架。不同国家的监管机构可以通过共享区块链上的数据，实现更加高效、实时的跨境监管，促进国际间的合作与交流。

（五）潜在挑战与未来展望

1. 技术标准和互操作性问题

目前，区块链技术在合规性与监管中的应用尚缺乏统一的技术标准。不同的企业和行业可能采用不同的区块链平台和协议，导致缺乏互操作

性。未来需要产业界和监管机构共同努力，制定统一的技术标准，以确保系统的协同作用。

2. 隐私与数据保护问题

区块链技术虽然加强了数据的安全性，但也引发了隐私和数据保护的担忧。特别是在个人身份和敏感信息的处理上，需要更为严格的法规和技术手段来确保数据的合规性和隐私保护。

3. 成本和复杂性

实施和维护区块链系统的成本相对较高，尤其是对于中小型企业而言。此外，区块链技术的复杂性也需要企业投入更多资源用于培训和人员配备。未来的发展需要降低区块链应用的实施成本，并提供更为简化的解决方案。

4. 监管的适应性

监管机构需要适应新兴的区块链技术，调整法规和监管框架，以确保其与区块链的应用相适应。这需要监管机构与技术研发单位的密切合作，以推动法规的演变和更新。

未来，随着区块链技术的不断发展和完善，预计其在合规性与监管中的应用将不断拓展。解决上述挑战将需要产业界、监管机构和法规制定者之间的协作。同时，随着区块链技术的广泛应用，将会在商业环境中产生深远的影响。

区块链技术在合规性与监管领域的应用为商业环境带来了革命性的变革。通过提高透明度、可追溯性、数据安全性和自动执行合规性规则，区块链技术强化了企业的合规性水平，提高了监管的效果。尽管仍然面临一些挑战，如技术标准、隐私问题和成本，但随着技术的发展和产业合作的加强，这些问题有望逐步解决。

未来，可以预见区块链将成为促进全球商业合规性的关键工具，为企业提供更加高效、透明、安全的合规性与监管解决方案。监管机构、企业和技术从业者需要共同努力，推动区块链技术在合规性与监管领域的更广泛应用，以推动商业环境的升级与创新。

三、区块链对供应链可持续性的影响

供应链可持续性成为企业日益关注的重要议题。在全球化和数字化的趋势下，传统供应链管理面临着一系列挑战，包括透明度不足、信息不对称，以及环境和社会责任等方面的问题。区块链技术作为一种去中心化、不可篡改的分布式账本技术，为提升供应链的可持续性提供了新的解决方案。以下将深入研究区块链对供应链可持续性的影响，探讨其优势、挑战和未来发展趋势。

（一）传统供应链管理面临的挑战

1. 透明度不足

传统供应链中，产品从制造到最终消费者手中经历了多个环节，涉及多个参与者。然而，由于信息不对称和缺乏透明度，供应链中的某些环节可能存在漏洞，导致信息失真、误导或者违规行为。

2. 环境和社会责任

全球关注环境和社会责任的提升，企业被迫更加关注供应链的可持续性。传统供应链难以确保产品的制造过程符合环保和社会责任的标准，这给企业的可持续性战略带来了挑战。

3. 数据管理困难

大多数企业的供应链数据存储在不同的系统中，数据集成和管理变得异常复杂。这不仅增加了管理的难度，也使得数据的准确性和实时性无法得到保障。

（二）区块链技术的基本原理

1. 去中心化的分布式账本

区块链是一种去中心化的分布式账本技术，数据存储在网络中的多个节点中，每个区块都包含前一区块的哈希值，形成了链条。这种去中心化结构确保了数据的安全性和不可篡改性。

2. 智能合约

智能合约是在区块链上执行的自动化合同。它们是基于预设条件运行的计算机程序，能够自动执行合同中规定的操作。这消除了中介的需求，提高了合同的透明度和执行效率。

3. 加密算法

区块链采用先进的加密算法来保护数据的安全性。这种加密技术确保了数据的机密性，使得只有被授权的用户才能访问和修改数据。

（三）区块链对供应链可持续性的影响

1. 提高供应链透明度

区块链通过建立去中心化的分布式账本，提高了整个供应链的透明度。从原材料的采购、生产制造到最终产品的交付，每个环节的信息都被记录在区块链上，任何授权的参与者都可以实时查看这些信息。这使得整个供应链的运作变得更加透明，降低了信息不对称的风险。

2. 确保产品的溯源和可追溯性

区块链技术的不可篡改性和可追溯性有助于确保产品的溯源。每个产品的制造和运输过程都被准确记录在区块链上，消费者可以通过区块链查询产品的全生命周期信息，包括原材料采购、制造过程、运输情况等。这有助于防止不合规的产品进入市场，提高了产品质量和安全性。

3. 支持环境和社会责任

区块链技术可以追踪产品制造过程中的环境和社会责任信息。通过智能合约，制造商可以确保其供应商和合作伙伴符合环境和社会责任的标准。这有助于企业更好地管理整个供应链，提升企业在可持续性方面的形象。

4. 降低欺诈和违规行为

由于区块链的不可篡改性，一旦信息被记录，就无法删除或篡改。这有助于减少供应链中的欺诈和违规行为。供应链参与者在区块链上的行为都可以被追溯和验证，提高了整个供应链的合规性。

5. 简化数据管理

区块链技术将供应链中的数据整合到一个去中心化的平台上，简化了数据管理。这有助于提高数据的一致性和准确性，降低了数据集成和管理的难度。

（四）区块链在供应链可持续性中的优势

1. 强化透明度和信任

区块链通过建立透明、不可篡改的分布式账本，增强了供应链的透明度和信任。所有参与者都能够共享相同的信息，从而减少了信息不对称和造成误导的可能性。

2. 提高产品质量和安全性

区块链技术的溯源功能确保了产品质量和安全性。任何参与者都能够追溯产品的生产过程，包括原材料的采购、生产制造、运输等环节。这种可追溯性有助于及时发现和解决质量问题，提高产品的整体质量和安全性。

3. 强化环境和社会责任

通过智能合约和透明的供应链信息，企业可以更好地管理和监控其供应链中的环境和社会责任。区块链的应用有助于确保供应商和合作伙伴遵循可持续性的标准，从而提升企业在社会和环境方面的责任感。

4. 降低欺诈和违规风险

区块链的不可篡改性减少了供应链中的欺诈和违规行为。由于每一笔交易都被记录在区块链上，参与者无法篡改数据，降低了信息失真和不当行为的风险。这有助于建立更加公正和合规的供应链环境。

5. 提高供应链的整体效率

区块链技术简化了数据管理和流通过程，提高了供应链的整体效率。通过去中心化的数据存储，供应链中的各方能够实时共享准确的信息，减少了信息传递的时间，降低了交易成本，提高了整个供应链的运作效率。

（五）潜在挑战与未来展望

1. 技术标准与互操作性问题

目前，区块链技术在供应链中的应用还缺乏统一的技术标准，不同

平台之间的互操作性也存在一定挑战。未来需要产业界共同努力，制定统一的技术标准，以推动区块链在供应链中的广泛应用。

2. 成本问题

实施区块链技术涉及到一定的成本，包括技术投资、培训和系统维护等方面。特别是对于中小型企业而言，这可能是一个不小的负担。未来的发展需要寻找更为经济实惠的解决方案，以降低供应链中各方应用区块链技术的门槛。

3. 隐私和安全性问题

尽管区块链技术通过加密算法保障了数据的安全性，但在处理敏感信息和个人数据时，仍然需要更加严格的隐私保护和合规性规定。未来的发展需要更多的法规和技术手段来确保区块链在供应链中的合规性和隐私保护。

4. 产业链整体推动

区块链在供应链中的应用需要得到整个产业链的支持和推动。从原材料采购到最终产品销售，每个环节都需要参与者的积极配合。推动区块链技术在供应链中的广泛应用需要形成产业链上下游的协同合作。

未来，随着区块链技术的不断发展和解决上述挑战的努力，预计其在供应链可持续性中的应用将更加深入。尤其是在数字经济的大趋势下，区块链技术有望成为推动供应链可持续性的关键驱动力。

区块链技术在提升供应链可持续性方面展现出巨大的潜力。通过增强透明度、追踪产品来源，以及加强环境和社会责任管理，区块链为建立更为负责任、高效和可持续的供应链体系提供了新的解决方案。

尽管在实际应用中还存在一些挑战，如技术标准、成本、隐私和安全性等问题，但随着技术的进步和产业链的整体推动，这些挑战有望逐步克服。未来，可以期待区块链技术在供应链可持续性中的更广泛应用，为企业提供更强大的工具，促进全球供应链的可持续发展。

第六节　区块链供应链管理的未来发展

一、区块链在全球供应链网络中的普及

随着全球化的推进和供应链网络的不断复杂化，传统的供应链管理面临着透明度不足、数据不一致、安全性问题等一系列挑战。区块链技术的崛起为解决这些问题提供了一种创新的解决方案。本节将深入研究区块链在全球供应链网络中的普及与发展，探讨其对透明度、效率、安全性等方面的影响，同时分析潜在挑战和未来发展趋势。

（一）全球供应链面临的挑战

1. 信息不透明度

传统供应链网络中，涉及多个参与方，每个参与方有着自己的数据管理系统，信息不透明是一个普遍存在的问题。缺乏整体性的数据视图，导致难以实现对整个供应链的实时监控和管理。

2. 数据不一致性

由于数据分散存储在不同的系统中，供应链中的数据一致性难以保障。信息的不一致可能导致误导性的决策，降低了供应链的整体效率。

3. 安全性问题

传统供应链中的数据存储在中心化的服务器上，容易受到黑客攻击和数据篡改的威胁。供应链环节中的信息安全问题可能导致质量问题、恶意行为，甚至影响到企业的声誉。

（二）区块链技术的基本原理

1. 分布式账本

区块链是一种去中心化的分布式账本技术，数据被存储在网络中的

多个节点上，每个节点都有相同的数据副本。每一次交易都以区块的形式被添加到链上，形成不可篡改的历史记录。

2. 智能合约

智能合约是一种在区块链上运行的自动执行的合同。它们是基于代码编写的合同，能够自动执行合同中规定的条件，无需中介。智能合约可以自动化执行和监控供应链中的合同条款。

3. 加密技术

区块链采用先进的加密技术来保障数据的安全性。数据在传输和存储过程中都经过加密处理，确保只有被授权的用户才能访问和修改数据。

（三）区块链在全球供应链中的应用

1. 提升透明度与可追溯性

区块链通过建立去中心化的分布式账本，提高了供应链的透明度。每个参与方都能够实时共享相同的信息，从原材料采购到产品交付，整个过程都被记录在区块链上，实现了供应链的全程可追溯。

2. 优化库存管理

区块链技术可以实现实时的库存监控和管理。通过智能合约，一旦产品离开某一生产环节，系统将即时更新库存数据，减少库存的过剩和不足，提高库存效率。

3. 简化支付与结算流程

传统供应链中，支付与结算流程通常繁琐而复杂。区块链通过智能合约的自动执行，可以实现快速、透明的支付与结算流程。这降低了交易的时间和成本，提高了支付的可追溯性。

4. 确保产品质量与合规性

区块链的不可篡改性和可追溯性有助于确保产品的质量和合规性。从原材料的采购到最终产品的交付，每个环节都能够被追溯和验证，减少了假冒伪劣产品的风险，提高了产品的整体质量。

5. 增强供应链安全性

区块链的去中心化和加密技术加强了供应链的安全性。由于数据存储在分布式网络中，防范了单点故障和黑客攻击的风险。同时，加密技术确保了数据传输和存储的安全性，降低了数据被篡改或窃取的可能性。

（四）区块链在全球供应链中的优势

1. 提高供应链透明度

区块链建立的分布式账本确保了供应链中的信息透明度。参与方可以共享同一份实时数据，减少了信息不对称和误导性信息的风险，提高了整体透明度。

2. 增强供应链的可追溯性

通过区块链的全程可追溯性，供应链中的每一笔交易、每一个环节都能够被追溯到源头。这有助于准确地追踪产品的流向，及时发现和解决问题，提高了供应链的整体可追溯性。

3. 提高效率和降低成本

区块链技术简化了供应链中的数据管理和流程，通过去中心化的分布式账本和智能合约，提高了供应链的整体效率。实时的数据共享和自动化的执行合同条款减少了信息传递的时间，降低了人为错误的可能性，从而降低了整个供应链的运营成本。

4. 加强安全性和防范风险

区块链的加密技术和不可篡改性增强了供应链的安全性。数据的安全传输和存储降低了黑客攻击和数据篡改的风险。这有助于防范恶意行为、降低质量问题发生的概率，并提高了供应链整体的稳定性。

5. 促进全球合作与信任

区块链的去中心化特性促进了全球供应链的合作与信任。参与方无需依赖中介，直接在去中心化平台上进行交互。这有助于建立更加平等和透明的伙伴关系，促进全球供应链网络的协同发展。

（五）潜在挑战与未来展望

1. 技术标准和互操作性问题

目前，区块链技术在全球供应链中的应用还面临技术标准和互操作

性的挑战。不同的企业和行业可能采用不同的区块链平台和协议，导致缺乏互操作性。未来需要产业界和标准制定者共同努力，制定统一的技术标准，以确保不同系统之间的协同作用。

2. 隐私和合规性问题

在全球供应链中，涉及不同国家和地区的法规和合规性要求。区块链技术虽然加强了数据的安全性，但也引发了隐私和数据保护的担忧。未来的发展需要利用更为严格的法规和技术手段来确保数据的合规性和隐私保护。

3. 成本和复杂性

实施和维护区块链系统的成本相对较高，尤其是对于中小型企业而言。此外，区块链技术的复杂性也需要企业投入更多资源用于培训和人员配备。未来的发展需要降低区块链应用的实施成本，并提供更为简化的解决方案。

4. 监管和法律问题

全球供应链涉及不同国家和地区的监管和法律要求。区块链技术的应用需要适应不同法规的要求，与监管机构保持紧密合作，确保其在法律框架内运行。

未来，随着区块链技术的不断发展和产业合作的加强，这些挑战有望逐步得到解决。全球供应链中区块链技术的普及将取决于各方的共同努力，包括企业、技术提供商、监管机构和国际组织等。

区块链技术在全球供应链网络中的应用为传统供应链管理带来了深刻的变革。通过提高透明度、增强可追溯性、简化流程和强化安全性，区块链技术为全球供应链带来了许多优势。

尽管在推广过程中还会面临一些挑战，如技术标准、隐私和合规性问题，但这些挑战有望在技术不断进步、法规逐步完善的情况下逐步得到解决。

未来，可以预见区块链技术在全球供应链中的应用将更加普及。随着行业对该技术认知的提升、监管框架的不断完善，以及技术成本的进一步降低，区块链有望成为全球供应链管理的核心工具，推动供应链网络向着更加高效、透明、安全和可持续的方向发展。

二、区块链在供应链数字化转型中的角色

供应链数字化转型已经成为企业提高效率、降低成本、增强竞争力的关键举措。在这个数字化的时代，区块链技术作为一项创新性的解决方案，正逐渐成为推动供应链数字化转型的核心要素之一。以下将深入研究区块链在供应链数字化转型中的关键角色，探讨其在透明度、可追溯性、智能合约等方面的影响，同时分析潜在挑战和未来展望。

（一）供应链数字化转型的挑战与动力

1. 挑战

信息孤岛：传统供应链中存在着各种各样的信息孤岛，不同环节的数据无法实现流畅共享，导致信息不透明，决策困难。

数据不一致性：数据在供应链中的流通过程中容易出现不一致，这会影响到计划、库存管理和交付的准确性。

安全性风险：传统供应链中的中心化数据存储容易受到黑客攻击，数据泄露和篡改的风险不容忽视。

手动流程：很多供应链流程仍然依赖于手动操作，这导致了效率低下和潜在的错误。

2. 动力

数字化趋势：企业数字化已经成为不可逆转的趋势，数字技术的应用能够带来更高效的运营和更好的用户体验。

全球化竞争：随着全球市场的扩大，企业需要更敏捷、可持续和透明的供应链，以应对日益激烈的全球化竞争。

客户需求变化：消费者对产品的个性化和可追溯性的需求不断增加，数字化转型可以更好地满足这些需求。

（二）区块链技术的基本原理

1. 去中心化的分布式账本

区块链是一种去中心化的分布式账本技术，数据被存储在网络中的

多个节点上，每个节点都有完整的数据副本。这种去中心化结构确保了数据的安全性和不可篡改性。

2. 智能合约

智能合约是在区块链上执行的自动化合同。它们是由代码编写的合同，能够自动执行合同中规定的条件。智能合约的自动化执行降低了交易的复杂性和耗时。

3. 加密技术

区块链采用先进的加密技术来保护数据的安全性。这种加密技术确保了数据的机密性，使得只有被授权的用户才能访问和修改数据。

（三）区块链在供应链数字化转型中的关键角色

1. 提升透明度和可追溯性

区块链通过建立去中心化的分布式账本，实现了供应链中信息的透明度和可追溯性。每个参与方都可以共享同一份实时的数据，从原材料采购到产品交付的整个过程都能够被追溯。

作用：提高了整个供应链的可见性，减少了信息不对称和误导性信息，有助于更准确地进行计划和决策。

2. 加强数据一致性

区块链中的数据一旦被记录，就无法被篡改，确保了供应链中的数据一致性。这解决了传统供应链中数据不一致的问题，提高了数据的准确性。

作用：降低了因数据不一致而导致的错误决策和计划风险，提高了供应链的整体效率。

3. 智能合约的自动化执行

区块链中的智能合约可以自动执行合同中规定的条件，无需人工干预。这加速了供应链中合同的执行过程，降低了交易的复杂性。

作用：提高了供应链中合同执行的效率，减少了合同执行过程中的错误和争议，同时降低了交易的时间和成本。

4. 加强供应链安全性

区块链的去中心化和加密技术增强了供应链的安全性。数据的分布式存储和加密传输降低了黑客攻击和数据篡改的风险。

作用：提高了整个供应链网络的安全性，有效防范了数据泄露和恶意攻击的风险，维护了供应链的稳定性。

5. 优化库存管理

区块链技术能够实现实时的库存监控和管理。通过智能合约，一旦产品离开某一生产环节，系统将即时更新库存数据，解决了库存的过剩和不足问题，提高了库存效率。

作用：减少了库存管理中的手动操作，降低了库存成本，提高了库存的精准度。

6. 简化支付与结算流程

区块链技术通过智能合约的自动执行，可以实现快速、透明的支付与结算流程。这降低了交易的时间和成本，提高了支付的可追溯性。

作用：加速了资金流动，降低了交易成本，提高了支付和结算的效率。

（四）区块链在供应链数字化转型中的优势

1. 提高效率和降低成本

区块链简化了供应链中的数据管理和流程，通过去中心化的数据存储和智能合约的自动执行，提高了供应链的整体效率。这降低了人为错误的可能性，减少了手动操作所需的时间，从而降低了运营成本。

2. 增强透明度和信任

区块链通过建立透明的分布式账本，增强了供应链的透明度。所有参与方共享相同的实时数据，降低了信息不对称和误导的可能性。这有助于建立更加公正和信任的供应链关系。

3. 提高产品质量和安全性

区块链的可追溯性和不可篡改性有助于确保产品质量和安全性。每个产品的制造和运输过程都被准确记录在区块链上，消费者可以通过区块链查询产品的全生命周期信息，提高了产品的整体质量和安全性。

4. 加强合规性和法律遵从

区块链技术可以确保供应链中的合规性和法律遵从。智能合约和透

明的账本有助于监控供应链中的各个环节是否符合法规要求，提高了整个供应链的合规性。

（五）潜在挑战与未来展望

1. 技术标准和互操作性问题

区块链技术在全球范围内应用的标准化和互操作性问题仍然存在。未来需要各方共同努力，制定统一的技术标准，以促进不同系统之间的顺畅协作。

2. 隐私和安全性问题

虽然区块链技术本身具有强大的安全性，但在处理敏感信息和个人数据时仍然需要更严格的隐私保护。未来发展需要更多的法规和技术手段来确保区块链在处理隐私和敏感数据时的安全性。

3. 成本问题技术的成本问题

实施和维护区块链系统涉及一定的成本，包括技术投资、培训和系统维护等方面。特别是对于中小型企业而言，这可能是一个不小的负担。未来的发展需要寻找更经济实惠的解决方案，以降低供应链中各方应用区块链技术的门槛。

4. 监管和法律问题

区块链在全球范围内的应用可能受不同国家和地区法规的影响。解决监管和法律问题是区块链在供应链数字化转型中必须面对的挑战。未来需要与监管机构密切合作，确保区块链在法规框架内合法运行。

5. 产业链整体推动

区块链在供应链中的应用需要得到整个产业链的支持和推动。从原材料采购到最终产品销售，每个环节都需要参与者的积极配合。推动区块链技术在供应链中的广泛应用需要产业链上下游的协同合作。

未来，随着技术的进步和各方对区块链技术应用的共识逐渐加强，这些挑战有望逐步克服。全球供应链中区块链技术的数字化转型将取决于技术的不断创新、法规的进一步完善以及各方合作的深化。

区块链技术在供应链数字化转型中扮演着关键的角色，为解决传统供应链中的信息不透明、数据不一致、安全性风险等问题提供了创新性的解决方案。由于具备提升透明度、可追溯性、智能合约的自动化执行等特性，区块链为供应链带来了诸多优势。

尽管在应用过程中会面临技术标准、隐私和安全性、成本等方面的挑战，但随着技术的不断发展和各方对数字化转型的认知逐步深化，这些挑战有望逐步得到解决。

未来，区块链技术将在供应链数字化转型中有更广泛的应用。随着行业对该技术认知的提升、监管框架的不断完善，以及技术成本的进一步降低，区块链有望成为推动供应链网络更加高效、透明、安全和可追溯的核心驱动力。企业和产业链上下游的共同合作将推动区块链在供应链数字化转型中的不断发展。

三、区块链在供应链管理创新中的前景展望

随着数字化时代的到来，供应链管理领域面临着前所未有的机遇和挑战。在这个背景下，区块链技术作为一项革命性的创新，逐渐引起了供应链管理者和业界的广泛关注。以下将深入研究区块链在供应链管理创新中的前景展望，探讨其在透明度、可追溯性、智能合约等方面的潜在影响，同时分析面临的挑战和未来发展趋势。

（一）供应链管理的数字化转型需求

1. 透明度和信息共享

传统供应链管理中，信息流通不畅、透明度不足是一个普遍存在的问题。供应链的多个参与方，包括生产商、供应商、物流公司等，通常使用各自的信息系统，导致信息孤岛和不一致性。数字化转型需要实现供应链中信息的透明共享，以提高整个供应链的可见性。

2. 风险管理与合规性

供应链管理面临着诸多风险，包括质量问题、交付延误、合规性等。数字化转型可以通过实时监控、数据分析等手段，更好地识别和管理潜

在风险，确保供应链的稳定和合规运行。

3. 效率提升与成本控制

为了应对市场竞争的加剧，提高供应链的运营效率并降低运营成本是数字化转型的关键目标。通过优化流程、减少人工干预和提高自动化水平，企业可以更加高效地运营供应链。

4. 客户需求的多样化

消费者对产品个性化和可追溯性的需求日益增长。数字化转型使得企业能够更灵活地响应市场需求，提供更符合消费者期望的产品和服务。

（二）区块链技术的关键特点

1. 去中心化的分布式账本

区块链采用去中心化的分布式账本，数据被存储在网络中的多个节点上，每个节点都有完整的数据副本。这确保了数据的安全性和可靠性。

2. 智能合约的自动执行

智能合约是一种在区块链上执行的自动化合同。它们是由代码编写的合同，能够自动执行合同中规定的条件。智能合约的自动执行加速了合同履行的过程。

3. 加密技术的安全性

区块链使用先进的加密技术来保护数据的安全性。数据的传输和存储过程中都经过加密处理，防范了数据的篡改和窃取。

（三）区块链在供应链管理中的前景展望

1. 提升供应链透明度

区块链通过建立去中心化的分布式账本，实现了供应链中信息的透明共享。每个参与方都可以实时共享相同的数据，从而降低了信息不对称和误导性信息的风险。

前景展望：随着区块链技术的不断成熟，供应链透明度将进一步提升。企业可以实时了解整个供应链的状态，减少盲目决策，提高管理效率。

2. 增强供应链可追溯性

区块链的不可篡改性和全程可追溯性有助于确保产品的来源和流向。每一笔交易都以区块的形式被添加到链上，形成不可篡改的历史记录。

前景展望：供应链中每个环节都能够被追溯到其源头，这将对产品质量管理、召回、追责等方面产生积极影响。消费者能够更加信任产品的质量和安全性。

3. 智能合约优化合同执行

区块链中的智能合约可以自动执行合同中的条款，无需中介。这加速了合同履行的过程，减少了交易的时间和成本。

前景展望：随着智能合约的广泛应用，合同的执行将更加高效、透明，降低了合同履行过程中的纠纷风险。

4. 强化供应链安全性

区块链的去中心化结构和先进的加密技术加强了供应链的安全性。分布式账本防范了单一点的攻击，加密技术保障了数据的机密性。

前景展望：区块链将成为供应链数字安全的有效保障，为企业提供更加可靠的安全环境。恶意攻击和数据泄露的风险将大幅降低。

5. 优化库存管理

区块链技术可以实现实时的库存监控和管理。通过智能合约和实时数据更新，企业可以更加精确地追踪库存水平，避免过多或不足的库存。

前景展望：区块链将使库存管理更加实时、智能。企业能够更好地应对市场变化，避免因库存不足或过剩而导致的损失。

6. 简化支付与结算流程

区块链通过智能合约的自动执行，可以实现更加迅速、透明的支付和结算流程。这降低了交易成本，减少了交易的时间，提高了支付的可追溯性。

前景展望：支付和结算过程的简化将加速资金流动，降低交易成本，为企业提供更灵活的财务管理。

（四）挑战与应对策略

1. 技术标准与互操作性问题

挑战：不同企业和行业可能采用不同的区块链平台和协议，缺乏统一的技术标准和互操作性。

应对策略：产业界需要共同努力，推动制定统一的技术标准，促进区块链系统之间的互操作性，降低技术整合的成本。

2. 隐私与合规性问题

挑战：区块链的公开性与隐私保护之间存在一定的矛盾，且不同国家和地区在法规要求上存在差异。

应对策略：技术上采用更加隐私保护的加密技术，同时与监管机构密切合作，确保区块链系统的合规性。

3. 成本和复杂性

挑战：区块链系统的实施和维护成本较高，尤其对中小型企业而言可能是一项负担。

应对策略：推动技术的发展，降低区块链系统的成本，同时提供更简化的解决方案，使得不同规模的企业都能够承担和应用。

4. 监管与法律问题

挑战：全球范围内的监管和法律要求差异较大，区块链应用需要适应不同法规的要求。

应对策略：积极参与监管讨论，与政府和监管机构合作，确保区块链应用在法律框架内运作。

（五）未来发展趋势

1. 多方合作推动区块链生态系统

未来，可以预见供应链管理中将形成更为庞大的区块链生态系统。各个供应链上下游的参与者将更多地进行合作，推动整个产业链的数字化转型。

2. 智能合约和物联网的融合

区块链与物联网的融合将进一步增强供应链的智能化水平。物联网设备生成的实时数据可以直接与区块链交互，实现更加智能的合约执行和物流管理。

3. 区块链技术的不断创新

随着技术的不断发展，区块链的各个方面将迎来更多创新。例如，采用更快速的共识算法、更高效的智能合约执行引擎等，将进一步提升区块链在供应链中的性能。

4. 全球区块链标准的建立

未来，有望建立全球范围内的区块链标准，以推动不同系统之间的互操作性。这将为供应链管理中区块链的应用提供更为稳定和可靠的技术基础。

5. 区块链在可持续发展中的角色

区块链技术有望在供应链中发挥更大的作用，推动可持续发展。通过透明度和可追溯性的提高，促进资源的有效利用和减少浪费，有助于构建更加可持续的供应链体系。

区块链技术在供应链管理创新中展现出巨大的潜力。通过提升透明度、可追溯性、智能合约的自动化执行等特性，区块链为传统供应链管理带来了深刻的变革。尽管面临一些挑战，如技术标准、隐私和安全性、成本等方面的问题，但随着技术的不断进步和行业对区块链的认知逐步提升，这些挑战有望逐步得到解决。

未来，可以预见区块链在供应链管理中的应用将更加广泛。随着多方合作的推动、智能合约和物联网的融合及全球标准的建立，区块链将成为推动供应链数字化转型的核心技术之一。企业需要积极采纳新技术，不断创新和优化供应链管理，以适应数字化时代的快速发展。

第五章

区块链在物联网中的应用

第一节　物联网与区块链的融合

一、物联网的发展与挑战

物联网（Internet of Things，IoT）作为信息技术领域的一项重要创新，将各种物理设备与互联网连接，实现设备之间的数据交流和智能化控制。物联网的发展不仅改变了我们日常生活，也深刻影响了工业、农业、医疗等各个行业。然而，随着物联网规模的不断扩大，也面临着一系列挑战。本节将深入研究物联网的发展现状，探讨其在各领域的应用，同时分析物联网面临的挑战和未来发展的趋势。

（一）物联网的发展历程

物联网的概念最早可以追溯到 20 世纪 90 年代。当时，麻省理工学院的 Auto－ID 实验室提出了“物联网”的概念，旨在通过无线射频识别技术实现物体之间的信息传递。随着技术的进步和互联网的普及，物联网逐渐发展成为一个全球性的技术和产业领域。

1. 物联网的关键技术

物联网得以应用的关键技术如下。

传感器技术：传感器是物联网的基础，用于采集环境数据、设备状态等信息。

云计算：云计算提供了存储和处理物联网产生的大量数据的能力，使得数据分析和应用变得更加灵活。

物联网协议：为设备之间的通信提供标准化的协议，确保各种设备可以互相连接和协同工作。

边缘计算：边缘计算通过在设备附近处理数据，减轻了对云端的依赖，提高了实时性和效率。

2. 物联网在各领域的应用

物联网的应用领域如下。

智能家居：智能家居通过连接家庭设备，如灯光、温控、安全系统等，实现远程监控和自动化控制，提高家居生活的便利性和安全性。

工业物联网：工业物联网通过连接生产设备、传感器和控制系统，实现生产过程的数字化和自动化，提高生产效率和质量。

智慧城市：智慧城市利用物联网技术优化城市管理，包括交通流量监测、垃圾管理、能源消耗优化等，提高城市的可持续性和生活质量。

农业物联网：农业物联网通过监测土壤、气象等数据，实现智能农业管理，提高农业生产效率，减少资源浪费。

健康医疗：物联网在医疗领域应用广泛，包括远程医疗监测、智能医疗设备等，有助于提高医疗服务的效率和质量。

（二）物联网的发展现状

1. 智能家居市场蓬勃发展

智能家居市场在过去几年迅速蓬勃发展。智能家居设备的种类不断增加，包括智能音响、智能灯具、智能家电等，用户对于智能家居的接受度逐渐提高。

2. 工业物联网推动制造业升级

工业物联网在制造业中的应用推动了制造业的数字化升级。通过连接工厂内的各种设备，实现设备之间的数据共享和协同工作，提高了生产线的智能化水平。

3. 智慧城市建设逐步深化

物联网为城市管理提供了更多的数据支持，有助于提升城市的可持续性和发展水平。有助于全球范围内的智慧城市建设逐步深化，城市交通管理、智能能源管理、环境监测等方面的应用逐渐成熟。

4. 农业物联网助力精准农业发展

农业物联网的应用推动了农业的数字化和精准化。传感器和监测设备的使用有助于实时监测农田状况，使得农业生产更加高效和可持续。

5. 健康医疗领域不断创新

在健康医疗领域，物联网技术不断创新。远程医疗监测设备、智能健康手环等产品逐渐普及，为医疗服务提供了更多的选择和便利。

（三）物联网面临的挑战

1. 安全性和隐私问题

随着物联网设备的普及，安全性和隐私问题成为物联网面临的首要挑战。连接大量设备和传感器可能增加网络攻击的风险，而设备数据的大规模收集也引发了用户对于隐私泄露的担忧。

应对策略：强化物联网设备和网络的安全性，采用加密技术、身份认证和访问控制等手段，确保数据传输和存储的安全。同时，制定严格的隐私政策和法规，保护用户的个人信息。

2. 标准化和互操作性问题

物联网涉及多个厂商、不同标准和协议，缺乏统一的标准和互操作性可能导致设备之间难以通信和协同工作。

应对策略：产业界需要加强合作，推动制定统一的物联网标准，以促进不同设备和系统之间的互通性。行业组织和标准化机构在这一过程中发挥关键作用。

3. 能源效率和持续供电问题

许多物联网设备通常需要长时间运行，但它们往往受限于有限的电池寿命或难以获取电源，限制了物联网设备在某些场景下的应用。

应对策略：推动能源效率技术的发展，采用更高容量的电池、低功耗芯片，以及能量收集技术，以延长设备的使用寿命。另外，研究和应用新型电源技术，如太阳能、运动能等，以减轻设备对传统电池的依赖。

4. 数据管理和分析难题

随着物联网设备生成的数据不断增加，如何有效地管理、存储和分析这些数据成为一个挑战。大数据处理和分析的复杂性也是一个问题。

应对策略：引入先进的大数据处理技术，如云计算和边缘计算，以提高数据处理的效率。利用人工智能和机器学习技术，从海量数据中提取有价值的信息，并实现更精准的数据分析。

5. 成本与部署难题

物联网设备的制造、部署和维护成本较高，尤其对于大规模的物联网应用。这可能限制了一些企业和地区对物联网技术的采用。

应对策略：推动技术的创新，降低物联网设备的制造成本。采用模块化设计、大规模生产等方式，提高设备的生产效率。政府和企业可提供相应的补贴和支持，促进物联网技术的推广和应用。

（四）未来发展趋势

1. 边缘计算与物联网融合

随着边缘计算技术的发展，物联网设备将更多地利用边缘计算进行数据处理，减轻对云端的依赖。这将提高物联网系统的实时性和响应速度。

2. 5G 技术推动物联网速度与连接性

随着 5G 技术的推广，物联网设备将能够以更快的速度进行数据传输，同时实现更广泛的连接性。这将进一步拓展物联网的应用范围。

3. 人工智能与物联网的深度融合

人工智能技术将与物联网深度融合，实现更智能的数据分析和决策。

智能物联网系统将能够更好地理解和适应用户需求，提供个性化的服务。

4. 区块链保障物联网安全

区块链技术的应用有望加强物联网的安全性。通过区块链的去中心化、不可篡改的特性，可以提高物联网设备之间的信任度和数据安全性。

5. 生态合作与跨行业创新

未来，物联网的发展将更加注重生态合作和跨行业创新。各行业将更积极地合作，实现物联网在不同领域的综合应用，推动产业的协同发展。

物联网作为连接实体世界和数字世界的桥梁，正在深刻地改变着我们的生活和工作方式。通过连接各类设备和传感器，物联网为人们提供了更智能、便利、高效的服务和体验。然而，与此同时，物联网的发展也伴随着一系列的挑战，包括安全性、隐私、标准化、能源效率等问题，需要全球产业界、学术界和政府部门共同努力解决。

未来，随着技术的不断进步和创新，物联网将持续发展，并逐步走向成熟。5G 技术的广泛应用、边缘计算的发展、人工智能与物联网的深度融合等趋势将进一步推动物联网技术的演进。在这一过程中，产业合作和标准制定将发挥关键作用，推动物联网在各个领域的广泛应用。

同时，随着对安全性和隐私保护的关注不断增加，区块链技术的引入有望进一步加强物联网的安全性，构建可信任的物联网生态系统。这将有助于提升用户对物联网技术的信任度，推动其更广泛的应用。

二、区块链与物联网结合的动机

区块链和物联网分别是信息技术领域中的两大创新，它们分别以去中心化的特性和连接实体世界的能力改变了人们的生活和工作方式。这两者结合起来将产生更为强大的效果，为各行业带来更多创新和改变。以下将深入探讨区块链与物联网结合的动机，分析这种融合是如何推动技术发展、解决现有问题，以及促进各行业变革的。

（一）区块链与物联网的基本概念

1. 区块链的基本概念

区块链是一种分布式数据库技术，以去中心化、不可篡改、透明等特性而闻名。它由一系列区块组成，每个区块包含了前一个区块的哈希值，形成了一个链式结构。这种设计使得区块链在数据存储和传输方面具有高度的安全性和可信度。

2. 物联网的基本概念

物联网是通过互联网连接各种实体设备，使其能够相互通信和协同工作的网络。物联网包括传感器、智能设备、嵌入式系统等，它的目标是实现实物与数字信息的融合，为人们提供更智能、高效的服务。

（二）区块链与物联网结合的动机

1. 数据安全性与信任机制

动机：物联网涉及大量实时数据的传输和存储，涉及设备之间的直接通信。这就要求数据的安全性得到保障，以防止数据被篡改或伪造。区块链的去中心化、不可篡改的特性提供了更高水平的数据安全性，建立了信任机制。

实际应用：在物联网环境中，传感器生成的数据可以被记录在区块链上，确保数据的完整性和可信度。这对于一些关键领域如医疗、智能交通等至关重要。

2. 智能合约推动自动化执行

动机：物联网中的设备需要实现自动化的协同工作，而传统的合同执行方式可能显得繁琐且容易受到干扰。区块链引入的智能合约机制可以在设备之间实现自动化执行，提高效率。

实际应用：设备之间的合作可以通过智能合约实现，例如，在智能家居中，设备可以根据条件自动执行任务，而这一过程将被区块链记录下来，确保透明性和不可篡改性。

3. 去中心化和数据透明度

动机：传统的集中式系统可能会存在单点故障的风险，而且数据的真实性难以保证。区块链的去中心化特性使得数据存储更为分散，降低了风险，并提高了数据的透明度。

实际应用：在物联网中，多个设备之间的通信可以通过区块链去中心化网络进行，避免了单点故障的发生，并且所有参与者都可以查看和验证数据，确保数据的真实性。

4. 身份验证与溯源

动机：在物联网中，设备之间的通信需要确保通信双方的身份合法，同时追溯产品或数据的来源也是重要的。区块链的身份验证机制和数据溯源特性提供了解决方案。

实际应用：区块链可以用于设备身份验证，确保只有合法的设备可以参与通信。在供应链中，产品的制造和运输信息可以被记录在区块链上，确保产品溯源的可追溯性。

5. 降低交易成本

动机：传统的交易过程可能涉及中间人、银行等第三方机构，增加了交易成本和时间。区块链的去中心化和智能合约特性可以降低交易成本，提高效率。

实际应用：在物联网中，设备之间的交易（如能源交易、资源共享等）可以通过区块链直接完成，无需中间人的干预，降低了交易成本，提高了效率。

（三）区块链与物联网结合的实际应用

1. 供应链管理

区块链与物联网的结合在供应链管理中具有巨大的潜力。通过在物联网设备上传感器数据，并将相关数据记录在区块链上，可以实现供应链的实时监控和透明度。这有助于提高供应链的效率，减少错误和延误。

2. 智能合约在智能家居中的应用

在智能家居领域，通过将智能设备与区块链连接，可以实现更加安全和智能的家庭管理。智能合约可以自动执行设备之间的任务，例如，根据家庭成员的偏好自动调整温度、光照等。同时，这些交互可以被记录在区块链上，确保数据的可追溯性和透明性。

3. 物联网在农业的应用

在农业领域，结合区块链和物联网可以改善农业生产的效率和可追溯性。通过在农田中部署传感器，监测土壤湿度、温度等数据，并将这些数据记录在区块链上，农民可以实时监控农田状况。智能合约可以自动触发灌溉系统或施肥设备，实现精准农业管理。

4. 智能城市建设

区块链与物联网在智能城市建设中的结合，可以实现城市管理的数字化和智能化。通过在城市中部署各类传感器，监测交通流量、垃圾桶状态、能源使用情况等信息，并将这些数据记录在区块链上，城市管理者可以实时了解城市的运行状况。智能合约可以用于优化交通信号控制、垃圾收集等城市服务。

5. 医疗健康领域

在医疗健康领域，结合区块链和物联网可以改善患者数据的安全性和隐私保护。患者的健康数据可以通过生物传感器等物联网设备收集，并通过区块链记录和存储，确保数据的不可篡改性和安全性。患者可以通过智能合约授权医疗机构访问其特定的健康数据，实现更个性化的医疗服务。

三、区块链技术在物联网中的价值

区块链技术和物联网是两个在信息技术领域中备受关注的创新。区块链以其去中心化、不可篡改和可追溯的特性而著称，而物联网通过连接各类设备、传感器和系统，实现实体世界与数字世界的深度融合。将这两者结合起来，不仅可以解决物联网中面临的安全、隐私、数据管理等问题，还能够创造新的商业模式、提升效率、推动创新。以下将深入探讨区块链技术在物联网中的价值，从安全性、数据管理、智能合约、

新商业模式等方面进行分析。

（一）安全性与信任建设

1. 数据的安全性

物联网中涉及大量的实时数据传输和存储，这些数据涉及个人隐私、商业机密等敏感信息。传统的中心化数据存储容易成为攻击目标，一旦被攻破，将导致严重的数据泄露。区块链的去中心化和加密特性为数据提供了更高水平的安全性，每个区块都链接前一个区块，形成不可篡改的链，确保数据的完整性。

2. 身份认证与溯源

区块链技术可以提供更加安全的身份认证机制。在物联网中，设备之间的通信需要确保通信双方的身份合法。区块链的分布式账本可以记录设备的身份信息，并通过智能合约实现更加安全的身份验证。同时，区块链的溯源特性能够追溯产品或数据的来源，提高整个供应链的透明度。

3. 防篡改和不可抵赖性

区块链中的数据一经记录，便无法篡改，每个区块都包含了前一个区块的哈希值，形成了一个不可逆的链。这种不可抵赖性对于确保物联网中的数据的真实性和可信度至关重要。防篡改的特性可以防止数据被篡改、伪造，为物联网提供了更加可靠的基础。

（二）数据管理与共享

1. 去中心化数据存储

传统的中心化数据存储存在单点故障的风险，一旦服务器故障或被攻击，可能导致大量数据丢失。区块链的去中心化特性使得数据存储更为分散，每个参与者都可以成为数据的节点，减少了单点故障的风险，提高了系统的稳定性。

2. 数据共享与权限控制

区块链技术可以实现更加精细的数据共享和权限控制。通过智能合约，可以设定不同的权限，确保只有合法的用户或设备可以访问特定的数据。这种机制对于在物联网中确保数据隐私和合规性非常重要，特别是在涉及多方合作的场景下。

3. 实时数据流的处理

物联网中产生的数据通常是实时的，需要实时处理和响应。区块链的智能合约机制可以实现实时数据流的处理，设定条件触发相应的行为。这对于一些需要及时决策和响应的场景，如智能交通系统、智能工厂等，具有重要意义。

（三）智能合约与自动化执行

1. 智能合约的定义与特性

智能合约是一种以代码形式存在的合同，其中包含了合同条款和执行逻辑。在物联网中，智能合约可以实现设备之间的自动化执行，根据设定条件自动触发相应的行为。这种自动化执行的机制大幅提高了物联网系统的效率。

2. 设备协同工作的优化

物联网中的设备通常需要协同工作，例如，在智能家居中，各种智能设备需要共同实现家庭的智能管理。通过智能合约，设备之间的协同工作可以更加灵活高效，不再需要中心化的控制系统，而是通过智能合约自动完成协同任务。

3. 自动化交易与支付

物联网中的设备之间可能需要进行各种交易，例如，能源交易、设备共享等。区块链的智能合约可以实现自动化的交易和支付，无需第三方中介，降低了交易成本和时间，同时提高了可信度。

（四）创新商业模式的可能性

1. 设备即服务

区块链技术可以为设备提供更加灵活的服务模式。通过智能合约，设备的使用可以根据实际需求进行灵活调整，用户可以根据实际使用量

支付费用。这种模式可以带来更加智能和经济高效的设备服务。

2. 共享经济与资源优化

区块链的智能合约机制为共享经济提供了更强大的支持。在物联网中，设备可以通过智能合约实现共享，例如，共享能源、共享车辆等。这不仅可以提高资源利用率，还可以创造新的商业模式，推动共享经济的发展。

3. 数字资产与交易平台

区块链技术可以为物联网中的数字资产提供安全、透明的交易平台。通过智能合约，设备生成的数字资产可以直接在区块链上进行交易，实现设备之间的价值流动。这为设备提供了更多的商业化机会，促进了数字经济的发展。

4. 区块链溯源与品质保证

在供应链中，区块链技术可以用于产品的溯源。通过在区块链上记录产品的生产、运输、储存等环节的信息，可以实现对产品的全程追溯。这不仅有助于提高产品的品质，还可以为企业提供更有力的品牌溯源证明，提升消费者信任度。

四、区域链技术在物联网领域面临的挑战及应对策略

1. 性能与扩展性问题

挑战：区块链的性能和扩展性问题可能影响物联网系统的实时性和吞吐量。

应对策略：使用更高效的共识算法、优化区块链平台，并考虑采用分层架构的设计，以提高性能和扩展性。

2. 标准化与互操作性难题

挑战：缺乏统一的标准可能导致不同平台和设备之间的互操作性问题。

应对策略：促进产业界、标准化机构和政府之间的合作，制定统一的标准，推动不同设备和平台的互通。

3. 能源效率和成本问题

挑战：区块链的挖矿过程可能消耗大量能源，而物联网设备通常有能源限制。

应对策略：推动绿色区块链技术的研发，采用更节能的共识机制，同时优化物联网设备的能源利用效率。

4. 隐私与安全风险

挑战：区块链的去中心化和公开性可能带来隐私泄露和安全漏洞。

应对策略：强化区块链的隐私保护机制，采用零知识证明等技术，确保敏感数据的安全存储和传输。

5. 法律与法规不确定性

挑战：区块链与物联网的结合可能涉及到跨境数据流动、智能合约的法律认可等法律问题。

应对策略：积极参与制定相关法规和政策，促进法律体系的适应和完善，以保障区块链与物联网的合法应用。

五、未来展望与发展方向

1. 生态系统的建设

未来，区块链技术在物联网中的价值将更多体现在构建健全的生态系统。各行业将形成更紧密的合作关系，推动整个生态系统的发展，实现数据的共享与利用。

2. 跨行业创新与应用拓展

区块链技术在物联网中的应用将进一步推动跨行业的创新。不仅局限于单一领域，未来将更多涉足不同行业，实现跨行业的创新应用。例如，与智能城市建设、智能医疗、智能制造等领域的融合将推动区块链在更广泛范围内的应用。

3. 技术创新助力区块链发展

随着技术的不断进步，未来可能会出现更先进的区块链技术，解决当前性能、扩展性等方面的问题。例如，新的共识算法、分片技术、零

知识证明等技术的发展将为物联网中的区块链应用提供更强大的支持。

4. 社会认知与法规的发展

随着区块链技术在物联网中的应用不断拓展，社会对这一融合的认知将逐渐提高。人们对区块链与物联网的理解将更加深入，社会对于新技术的接受度将逐步提高。同时，政府和法规机构也将适应技术的发展，制定更加完善的法规和政策，为这一融合提供更好的环境。

5. 全球合作共促发展

区块链技术在物联网中的应用是一个全球性的趋势，需要各国共同努力。国际合作可以促进技术的共享与创新，推动全球范围内的标准制定和应用推广。这有助于打破国界限制，实现更广泛的应用和共赢发展。

区块链技术在物联网中的应用为信息技术领域带来了全新的可能性。通过提高数据安全性、优化数据管理、推动自动化执行、创造新的商业模式等方面的价值，区块链与物联网的结合为未来社会的数字化、智能化发展奠定了坚实的基础。然而，面对性能、标准化、隐私等方面的挑战，需要产业界、学术界和政府共同努力，推动相关技术和应用的不断进步。

未来，随着技术的不断创新和社会对这一融合的认知逐步提高，我们可以期待更多领域的创新应用和全球范围内的合作。通过持续的努力，区块链技术在物联网中的应用将为构建数字化、智能化的未来社会奠定坚实的基础，推动人类社会朝着更加智能、高效、可持续的方向迈进。

第二节　区块链在设备身份管理中的应用

一、物联网技术下面临的身份管理问题

（一）设备身份安全问题

随着物联网技术的飞速发展，越来越多的设备被连接到互联网上，

构成了庞大的物联网网络。然而，在这个庞大的网络中，设备的身份安全问题成为亟待解决的挑战之一。传统的身份验证和安全机制往往难以适应物联网的复杂性和规模。

物联网中设备面临的身份安全问题如下。

1. 身份伪造与盗用

在传统的物联网系统中，设备的身份信息通常通过密码、密钥等方式进行验证。然而，这些信息容易被黑客攻击，从而导致身份伪造和盗用。一旦设备的身份被攻破，黑客可以获取设备的敏感信息，甚至控制设备进行恶意操作。

2. 中心化身份管理的弊端

传统的中心化身份管理系统存在单点故障的风险。一旦中心服务器被攻击或故障，将导致整个身份系统的瘫痪。此外，中心化管理还存在隐私泄露的风险，用户的身份信息集中存储在一个地方，容易成为攻击目标。

3. 数据隐私和合规性问题

在物联网中，设备产生大量的数据，包括用户隐私信息、设备运行状态等。传统的身份验证方式往往难以确保这些数据的隐私性和合规性，容易面临数据泄露和滥用的风险。

（二）设备注册与认证问题

随着物联网的迅猛发展，设备之间的连接和通信成为了现代社会的一部分。然而，在这个庞大的设备网络中，设备的注册和认证问题变得愈发复杂，传统的中心化管理模式面临着安全性、可信性、隐私性等方面的挑战。

设备注册与认证面临的挑战如下。

1. 身份验证的复杂性

设备的注册和认证涉及设备身份的验证，包括设备的唯一标识、制造商信息等。传统的方式通常依赖于密码、密钥等方式，但这些方法容易受到攻击和伪造，无法提供足够的安全性。

2. 中心化管理的局限性

传统的设备注册和认证通常依赖于中心化的身份管理系统，其中设备的身份信息集中存储在一个地方。这种中心化管理存在单点故障的风险，一旦系统被攻击，将导致大量设备身份信息泄漏。

3. 数据隐私和合规性问题

在设备注册与认证中涉及大量敏感信息，包括设备所有者、使用情况等。传统的管理方式难以确保这些信息的隐私性和合规性，容易面临法规和法律的挑战。

4. 设备协同与跨平台问题

随着物联网的发展，设备之间需要实现更多的协同工作，而这要求设备能够在不同平台上进行注册和认证。传统方式在跨平台设备协同上存在复杂性和不一致性的问题。

（三）设备撤销与更新的问题

随着物联网的快速发展，设备的更新与撤销成为保持物联网生态系统健康运作的重要环节。然而，传统的设备管理方式在设备撤销和更新方面存在着一系列问题，如中心化管理的单点故障风险、身份验证的安全性隐患等。

设备撤销与更新面临的挑战如下。

1. 设备撤销的复杂性

设备的撤销涉及到设备的停用、注销等操作，需要确保设备在网络中的身份被安全地撤销。传统的中心化管理方式难以有效应对设备撤销的复杂性，容易导致遗漏或滞后的情况。

2. 更新的及时性与协同性

设备的更新是保持物联网系统安全运行的必要步骤。然而，在传统的管理模式下，设备更新通常需要人工介入，涉及时间和资源成本。同时，设备更新需要协同工作，确保更新过程中的连贯性和可靠性。

3. 中心化管理的弊端

传统的中心化设备管理模式存在单点故障的风险。一旦中心服务器受到攻击或发生故障，将导致整个设备管理系统的瘫痪。此外，中心化管理还容易受到未经授权的访问，增加了风险。

4. 身份验证与数据隐私问题

设备撤销和更新过程中，需要对设备进行身份验证，以确保只有合法的设备才能执行相应的操作。传统身份验证方式的安全性难以满足当前复杂的网络环境，而且可能涉及到用户隐私和数据合规性问题。

二、区块链技术的优势

（一）去中心化身份管理

区块链技术采用去中心化的架构，将设备的身份信息分布式存储在网络的各个节点上。每个设备都有一个唯一的身份标识，由区块链网络验证和记录。这种去中心化的身份管理极大地提高了系统的安全性和抗攻击能力。

（二）不可篡改的身份记录

区块链上的数据是经过加密和哈希处理的，一旦存储在区块链上，就变得不可篡改。设备的身份信息、更新历史等一旦记录在区块链上，就无法被修改，保证了身份记录的真实性和可靠性。

（三）智能合约的自动化执行

区块链中的智能合约是一种能够自动执行的程序，根据预设条件自动触发相应的操作。通过智能合约，可以实现设备的自动撤销和更新，减少人为干预，提高系统的自动化程度。

（四）加密算法的应用

区块链采用了先进的加密算法来确保数据的安全性。设备的身份信息和通信数据经过加密处理，只有授权的节点才能解密和访问，提高了

通信的安全性。

（五）去信任机制

区块链采用了去信任的机制，通过共识算法确保了网络中每个节点的一致性。这意味着设备可以在无需互相信任的情况下进行身份验证和操作。这种去信任的机制简化了设备撤销与更新过程中的信任建设过程，增强了整个系统的可靠性。

三、区块链在解决设备身份管理问题中的具体应用

（一）去中心化身份管理

区块链技术可以实现去中心化的身份管理，将设备的身份信息分布式存储在网络的各个节点上。每个设备都有一个唯一的身份标识，由区块链网络验证和记录。

（二）不可篡改的身份记录

区块链的不可篡改性保证了设备身份信息的历史记录的可信度。每一次设备身份信息的注册、更新、撤销都会被记录在区块链上，形成一个不可逆的历史链。这为身份溯源提供了依据，用户和系统可以追溯设备的每一次身份变更。

（三）智能合约的自动化执行

区块链中的智能合约可以实现基于事件触发的自动化执行。这样的自动化执行减少了人工介入，提高了系统的效率。

（四）权限控制与加密通信

区块链技术可以通过智能合约实现对设备的权限控制。只有在经过身份验证并获得相应权限的情况下，设备才能执行特定的操作。同时，

通信数据经过区块链的加密算法处理，确保了通信的机密性。这样，即使设备在运行过程中进行通信，也能够保障数据的隐私和安全。

（五）设备协同与跨平台问题

区块链的去中心化特性使得设备能够更加灵活地进行跨平台操作。由于设备的身份信息存储在分布式网络中，设备在不同平台上可以共享相同的身份信息，简化了设备协同工作的流程。设备在跨平台更新时，只需要向新平台发出更新请求，并经过区块链网络的验证，实现设备身份的平滑过渡。

四、解决方案的实际应用

1. 物联网智能城市

在智能城市中，各类设备需要进行身份验证与管理、注册与认证、撤销与更新，包括交通监控设备、环境感知设备、智能灯光系统等。通过区块链的去中心化身份管理和智能合约的自动化执行。例如，某个交通监控设备需要更新时，通过区块链网络发起更新请求，经过身份验证和智能合约的自动执行，实现设备的平滑更新和状态更新。

2. 工业物联网

在工业领域，大量的传感器和控制设备需要进行身份验证与管理、注册与认证、撤销和更新。区块链技术可以为工业物联网提供安全的解决方案。例如，在生产线上，某个传感器设备发生故障需要撤销时，通过区块链网络发起注销请求，智能合约自动执行撤销流程，确保设备状态的准确反映在区块链上，同时通知相关系统进行修复或更换。

3. 医疗设备

在医疗行业，医疗设备的管理对患者的健康至关重要。通过区块链的身份验证和智能合约的自动化执行，可以实现对医疗设备的有效管理。例如，某台医疗设备发生故障需要更新时，通过区块链网络发起更新请求，智能合约会自动触发身份验证、更新设备状态并通知相关医疗系统，

以确保患者得到安全的医疗服务。

4. 智能家居

在智能家居环境中，各种智能设备需要身份验证与管理、注册与认证、撤销与更新，以保障用户的生活安全和便利。通过区块链技术，可以实现设备的自动化管理。例如，某个智能家居设备需要更新时，用户可以通过智能合约发起更新请求，区块链网络将自动验证身份、执行更新并更新设备状态，以确保设备在更新过程中对用户的影响最小化。

五、挑战与未来发展方向

1. 性能和扩展性问题

区块链的性能和扩展性问题是需要解决的挑战之一。在大规模物联网环境中，可能需要处理大量的请求，因此需要进一步优化区块链的性能，采用更高效的共识算法和分布式存储方案。

2. 标准化和互操作性难题

目前缺乏统一的标准，导致不同区块链平台之间存在互操作性问题。在设备管理领域，需要制定统一的标准，促进不同系统和设备的互通，提高整体系统的稳定性和可用性。

3. 隐私保护和合规性

隐私保护和合规性是物联网中一直备受关注的问题。在区块链中，尽管数据经过加密处理，但如何确保用户的隐私得到充分保护，以及如何符合相关法规仍然需要进一步研究和完善。

4. 教育与推广

区块链技术在设备中的应用还需要更广泛的推广和应用。为了更好地推动区块链在物联网中的落地，需要加强对相关领域的人才培养和教育，提高行业从业者和决策者对区块链技术的理解和认知。

区块链技术为解决物联网中的设备管理问题提供了创新的解决方案。通过去中心化身份管理、不可篡改的身份记录、智能合约的自动化执行等功能，区块链为设备管理提供了可行性和可靠性的解决方案。

然而，仍面临性能、标准化、隐私保护等方面的挑战，需要产业界、学术界和政府共同努力，推动相关技术和应用的进步。未来，随着技术的不断创新和社会对这一融合的认知逐步提高，可以期待区块链在设备撤销与更新领域的更广泛应用，为构建更加安全、高效的物联网生态系统做出更大的贡献。

第三节　区块链在数据隐私与安全中的应用

一、区块链技术保障物联网数据隐私

随着物联网技术的快速发展，大量设备互联，形成了庞大的数据网络。然而，随之而来的是对物联网数据隐私安全的日益关注。传统的数据存储和传输方式存在着诸多安全隐患，而区块链技术的出现为解决这些问题提供了全新的思路。以下将深入探讨区块链技术如何保障物联网数据隐私，包括去中心化的数据存储、加密算法的应用、智能合约的隐私控制等方面。

（一）物联网数据隐私的挑战

1. 大规模数据收集与存储

随着物联网设备数量的急剧增加，产生的数据量也在快速膨胀。大规模的数据收集和存储使得数据隐私面临更大的风险，一旦被恶意获取，可能导致用户隐私泄露。

2. 数据传输的安全性

物联网中涉及大量的数据传输，包括设备之间的通信及设备与云端服务器之间的数据传送。传统的数据传输方式容易受到中间人攻击、窃听等威胁，使得数据隐私易受侵犯。

3. 中心化数据存储的风险

传统的物联网数据存储方式通常采用集中化的服务器存储模式，这使得一旦服务器受到攻击或被非法访问，大量敏感数据将面临泄露的风险。此外，集中式存储也可能导致单点故障，使得整个系统失效。

4. 权限控制和合规性

物联网中的数据涉及多方的参与，包括设备制造商、数据处理中心、终端用户等。如何进行有效的权限控制，确保只有授权人员能够访问特定数据，并保证数据使用的合规性，是一个亟待解决的问题。

（二）区块链在物联网数据隐私中的应用

1. 去中心化数据存储

区块链的去中心化存储使得物联网数据能够分布式存储在多个节点上。每个节点都有自己的私钥用于解密数据，只有获得相应权限的用户才能获取解密后的数据。这种存储方式有效降低了数据泄露的风险。

2. 不可篡改的数据记录

区块链上的数据记录是经过哈希处理的不可篡改的区块。每一次数据变更都会生成一个新的区块，连接在链上。这确保了数据的完整性，任何对数据的篡改都会被立即发现。这种特性对于保护物联网数据的真实性尤为重要。

3. 加密算法的应用

区块链采用强大的加密算法，确保了数据在传输和存储过程中的安全性。即使在数据传输过程中被截获，黑客也无法解密和获取其中的内容。这种安全性保障了物联网设备之间的通信，防止了敏感信息的泄露。

4. 智能合约的隐私控制

区块链中的智能合约允许在数据上实施精细的隐私控制。通过设定智能合约的条件，只有符合条件的用户才能够访问特定的数据。例如，可以设定只有在特定时间段内、特定地点或特定事件发生时才能够获取某一类数据，从而限制了数据的访问权限。

5. 身份管理与匿名性

区块链技术还可以提供更为安全的身份管理机制。通过区块链的去中心化身份验证，用户可以更加安全地管理他们的身份信息，而不必依赖于中心化的身份验证机构。同时，为了提高隐私保护水平，区块链还支持匿名性，使得用户在进行交易或数据交换时可以保持相对匿名。

6. 合规性与审计

区块链提供了一个可追溯的数据记录，这对于合规性和审计方面的要求尤为重要。所有的数据交易和变更都被记录在区块链上，可以被审计员追溯到其发生的时间点。这为符合法规和标准的要求提供了技术支持，帮助组织保持在法律和政策框架内运作。

（三）解决方案的实际应用

1. 医疗健康领域

在医疗健康领域，物联网设备用于监测患者的生理数据、管理药物、追踪医疗设备等。通过将这些数据记录在区块链上，可以保障患者的隐私安全。只有经过授权的医护人员才能够访问患者的详细病历和健康数据，而患者可以通过智能合约来控制数据的共享范围。

2. 智能家居与个人隐私

在智能家居领域，各种设备通过物联网技术实现互联，如智能摄像头、智能家电等。通过区块链技术，可以确保家庭成员的隐私得到充分保护。智能合约可以设定摄像头只在家庭成员在外时启用，智能家电只在特定时间段内工作，从而降低隐私泄露的风险。

3. 供应链和物流管理

物联网在供应链和物流管理中发挥着重要作用，但相关数据的安全性也备受关注。通过区块链技术，可以建立一个可信赖的数据存储和交换平台。参与供应链的各方可以通过智能合约控制数据的共享，确保了敏感商业信息的安全性，同时提高了供应链的透明度。

4. 金融服务和支付领域

在金融服务和支付领域，物联网设备的数据安全性至关重要。通过

区块链技术，可以建立安全的支付通道，保障用户的支付信息不被篡改和泄露。同时，智能合约可以确保支付的合规性，提高交易的安全性。

（四）挑战与未来发展方向

1. 性能和扩展性问题

区块链的性能和扩展性问题仍是需要解决的挑战之一。在大规模物联网环境中，需要处理大量的交易和数据，因此需要进一步优化区块链的性能，采用更高效的共识算法和分布式存储方案。

2. 标准化和互操作性难题

目前，缺乏统一的标准，不同区块链平台之间存在互操作性问题。在物联网数据隐私领域，需要制定统一的标准，促进不同系统和设备的互通，提高整体系统的稳定性和可用性。

3. 用户教育和意识

用户对于隐私保护的意识和理解仍有待提高。尽管区块链技术提供了强大的隐私保护机制，但用户需要更深入地了解这些技术，并主动参与到隐私保护的管理中，以确保其个人隐私得到充分保护。

4. 法律和政策框架的完善

随着区块链技术在物联网数据隐私保护中的应用，相关的法律和政策框架需要不断完善。制定更为明确和适用的法规，同时考虑技术的不断发展，将有助于确保区块链在物联网数据隐私方面的良性发展。

区块链技术在保障物联网数据隐私方面具有显著的优势，通过去中心化的数据存储、不可篡改的数据记录、加密算法的应用，以及智能合约的隐私控制，为物联网数据提供了更为安全、透明和可控的解决方案。区块链技术已经在医疗健康、智能家居、供应链物流、金融服务等领域得到了广泛的应用。

然而，区块链在物联网数据隐私保护方面仍然面临一些挑战，包括性能和扩展性问题、标准化和互操作性难题、用户教育和法律政策框架的完善等。未来的发展方向应该聚焦于技术的不断优化和创新，同时与各方共同推动相关标准的制定和法规的完善，为区块链在物联网数据隐私领域的广泛应用创造更为有利的环境。

随着社会对数据隐私安全的关注度不断提高，区块链技术作为一种颠覆性的解决方案，将在物联网领域发挥越来越重要的作用。通过进一步研究和实践，不断提升区块链技术的成熟度和可用性，可以期待在不久的将来，物联网数据隐私将得到更加全面和可靠的保护，为数字化社会的可持续发展提供有力支撑。

二、区块链在数据共享与权限控制中的应用

在数字化时代，数据被认为是一种宝贵的资源，而其安全共享和有效管理变得尤为关键。然而，传统的数据管理方式在数据共享和权限控制方面存在一系列的挑战，包括数据泄露、难以追溯的数据流动等问题。区块链技术的崛起为解决这些问题提供了新的思路。以下将深入探讨区块链在数据共享与权限控制中的应用，涵盖去中心化数据存储、智能合约的权限管理、隐私保护等方面。

（一）传统数据共享与权限控制的挑战

1. 数据泄露风险

在传统的数据管理模式下，数据通常存储在中心化的服务器上，这增加了数据被攻击或非法访问的风险。一旦攻破了这个中心化的存储点，大量的数据可能被窃取或篡改。

2. 权限管理复杂

传统权限管理通常依赖于复杂的访问控制列表（ACL）或角色基础的访问控制（RBAC）系统。这样的系统往往难以适应多方参与、跨组织的数据共享场景，管理权限变得繁琐且容易出现错误。

3. 数据流动不透明

当数据在不同组织之间流动时，往往难以追溯其具体路径。这使得在发生数据错误、违规或泄露时难以定位责任方，增加了数据管理的难度。

4. 信任问题

数据的共享通常需要建立在各方相互信任基础上。然而，在多方参与的环境中，尤其是在不同组织、行业之间，建立和维护信任是一项复杂的任务。

（二）区块链在数据共享与权限控制中的应用

1. 去中心化数据存储

区块链的去中心化存储使得数据可以以分布式的方式存储在多个节点上。每个节点都有用于解密数据的私钥，只有获得相应权限的用户才能够获取解密后的数据。这种存储方式有效降低了数据泄露的风险。

2. 不可篡改的数据记录

区块链上的数据记录是经过哈希处理的不可篡改的区块。每一次数据变更都会生成一个新的区块，并连接在链上。这确保了数据的完整性，任何对数据的篡改都会被立即发现。这种特性对于保护数据的真实性尤为重要。

3. 智能合约的权限管理

区块链中的智能合约可以实现更为灵活的权限管理。通过智能合约，可以设定数据访问的条件和权限，确保只有符合条件的用户才能够访问特定的数据。这为实现数据的精确权限控制提供了技术支持。

4. 透明的数据流动

区块链技术的透明性使得数据的流动路径可以被追溯。每一笔交易、每一次数据变更都被记录在区块链上，形成一个不可篡改的账本。这使得数据的流动变得透明、可验证，提高了数据交易的可信度。

5. 权限的即时生效

由于智能合约的特性，一旦满足了设定的条件，权限变更可以在瞬间生效。这消除了传统权限管理中存在的延迟和人为错误的可能性，确保权限的实时性和准确性。

6. 多方参与的信任机制

区块链技术采用去中心化和分布式的信任机制，消除了对单一实体的过度依赖。多方参与的节点通过共识算法达成一致，建立了更加坚固的信任基础。这对于涉及多个组织和个体的数据共享场景至关重要。

（三）解决方案的实际应用

除供应链和物流管理、医疗健康领域、金融服务领域外，区块链还可应用于跨组织的合作项目。

区块链可以作为跨组织合作项目的基础架构，确保数据在各个组织之间安全、透明地共享。智能合约可以规定数据的使用条件，保障数据的隐私和合规性。这对于联合研究、产业链合作等项目有着重要的应用前景。

（四）挑战与未来发展方向

区块链在数据共享与权限控制中面临的挑战为：性能和扩展性问题；标准化和互操作性难题；隐私保护问题及用户教育和接受度问题。此处不再过多赘述。

区块链技术在数据共享与权限控制方面展现出巨大的潜力，通过去中心化的数据存储、不可篡改的数据记录、智能合约的权限管理等特性，为解决传统数据管理模式中存在的问题提供了新的解决方案。实际应用中，已经有多个领域开始尝试区块链技术在数据共享与权限控制中的应用，并取得了显著的成果。

三、区块链对物联网数据完整性的保护

随着物联网技术的迅猛发展，大量设备之间的数据交互成为了现代社会的一部分。然而，随之而来的是对物联网数据完整性的新挑战。数据在传输和存储过程中可能面临篡改、伪造等风险，因此确保物联网数据的完整性至关重要。区块链技术以其不可篡改的分布式账本特性，为物联网数据提供了强大的完整性保护。以下将深入探讨区块链如何应用于物联网，保障数据的完整性，以及在实际应用中的挑战和前景。

（一）物联网数据完整性的挑战

1. 数据篡改和伪造

物联网中涉及大量的传感器数据和设备间通信数据，这些数据容易受到黑客攻击和篡改。数据篡改可能导致对系统的误导，对生命安全、财产安全等方面产生严重影响。

2. 中间人攻击

在物联网中，数据往往需要经过多个节点的传输，而中间人攻击则可能在传输过程中窃取、篡改或伪造数据。这种攻击方式威胁着数据的机密性和完整性。

3. 数据源的可信度

物联网涉及多个数据源，包括传感器、设备、云平台等，这些数据源的可信度参差不齐。不可信的数据源可能向系统中输入错误或恶意的数据，危及整个系统的运行。

（二）区块链在物联网数据完整性保护中的应用

1. 实时数据记录与溯源

区块链技术可以用于实时记录物联网设备产生的数据，确保数据的完整性。每次数据更新都被记录在一个新的区块中，并链接到前一个区块，形成不可篡改的数据链。这样的实时记录和溯源机制有助于监测数据的来源和变更，防止数据被篡改。

2. 智能合约的数据验证

利用区块链中的智能合约，可以在数据写入区块链之前进行验证。智能合约中设定的规则和条件可以确保只有合法的、经过验证的数据才能够被写入区块链。这样的验证机制加强了对数据完整性的保护。

3. 去中心化的信任体系

传统物联网中，往往依赖于中心化的信任体系，而区块链通过去中心化和分布式的特性，建立了更加坚固的信任体系。每个节点都有相同的数据副本，共识机制确保了数据的一致性，减少了对中心化机构的依赖，从而提高了物联网数据的可信度。

4. 安全的数据传输

区块链的去中心化和加密特性保障了数据在传输过程中的安全性。数据被加密并经过共识机制验证后才能写入区块链，防止了在传输中被窃取或篡改的风险，从而增强了数据的完整性。

（三）区块链在实际应用中的挑战和前景

1. 性能和扩展性问题

区块链的性能和扩展性问题是目前在实际应用中面临的主要挑战。由于每个节点都需要存储完整的账本，随着数据量的增加，网络的负担和性能问题凸显。未来的发展需要通过改进共识机制、采用分层结构等方式来提升性能和扩展性。

2. 标准化和合规性

目前缺乏统一的区块链标准，这导致了不同区块链系统之间的互操作性问题。标准化是实现多个物联网设备和区块链系统之间协同工作的关键。行业需要制定一套统一的标准，以确保不同系统之间的数据交换和通信更为无缝和高效。

3. 隐私保护

虽然区块链技术在保证数据完整性的同时提供了较高的透明度，但某些场景下需要更加严格的隐私保护。例如，物联网涉及大量的个人隐私信息，需要在区块链中采用更加高级的加密和隐私保护机制，以确保敏感信息不被未授权的访问。

4. 能源消耗问题

某些区块链系统的共识机制，如工作量证明，消耗了大量的计算力和能源。随着物联网规模的不断扩大，这可能导致不可忽视的能源浪费。因此，未来需要更加环保和高效的共识机制，以降低区块链对能源的依赖。

5. 教育与认知

区块链技术对于物联网领域的应用仍然相对新颖，许多行业参与者

可能对其运作和潜在益处了解不足。为了推动区块链在物联网中的广泛应用，需要进行更广泛的行业教育和推广活动，提高从业人员和决策者对该技术的认知水平。

（四）区块链在物联网数据完整性保护中的未来展望

1. 深度融合智能合约技术

随着智能合约技术的不断发展，未来可以期待更加智能和灵活的合约应用于物联网数据的完整性保护。智能合约可以根据实时的数据变化情况自动执行特定的规则，实现更为复杂的数据验证和管理。

2. 多链协同工作

为了解决区块链的性能和扩展性问题，未来可能出现多个区块链网络协同工作的情景。不同的区块链网络可以负责不同的任务，通过跨链技术实现数据的安全、高效地流通。

3. 隐私保护技术的进步

随着密码学和隐私保护技术的不断发展，未来会开发出更加先进的隐私保护机制应用于物联网数据的区块链中。例如，零知识证明等技术可以在保护隐私的同时实现数据的有效验证。

4. 行业标准的制定

随着区块链技术在物联网中的应用逐渐成熟，有必要建立起相应的行业标准。标准化有助于推动不同系统和设备的互操作性，降低整个生态系统的集成难度。

5. 更广泛的应用场景

随着对物联网数据完整性保护需求的不断增加，区块链技术将在更多的应用场景中得到广泛应用。例如，智能城市、工业互联网、健康医疗等领域都将受益于区块链在数据完整性方面的优势。

区块链技术作为一种保障数据完整性的强大工具，在物联网领域展现出广阔的前景。通过去中心化的分布式账本、不可篡改的数据记录、智能合约的权限管理等特性，区块链为物联网数据的安全性和可信度提供了创新性的解决方案。尽管面临一些挑战，如性能问题、标准化难题等，但随着技术的不断进步和行业的共同努力，区块链将在物联网数据完整性的保护中发挥日益重要的作用，推动数字化社会的可持续发展。

第四节　区块链在智能合约与自动化中的应用

一、智能合约在物联网中的作用

物联网技术的快速发展使得各类设备能够实现互联互通，形成庞大的网络。然而，伴随着设备之间的数据交互和自动化操作的增加，管理和执行复杂的业务逻辑变得愈发困难。智能合约作为区块链技术的一项重要应用，为物联网提供了解决这些问题的新途径。以下将深入探讨智能合约在物联网中的作用，包括其基本原理、应用场景、优势和挑战，以及未来的发展方向。

（一）智能合约的基本原理

智能合约是一种自动执行的合约，其中包含了预先定义的规则和条件。这些规则和条件通过编程的方式嵌入到合约中，一旦满足了特定的条件，合约就会自动执行相应的操作。智能合约通常运行在区块链上，其中最为著名的是以太坊区块链。

（二）智能合约在物联网中的应用场景

1. 供应链和物流管理

智能合约可以用于优化供应链和物流管理。通过将合约嵌入到物流系统中，可以实现自动化的订单处理、物流跟踪、支付和结算等流程。

例如，当货物到达目的地时，智能合约可以自动执行支付操作，提高效率同时减少错误和争议。

2. 智能家居和物联网设备管理

在智能家居中，智能合约可以管理和控制各种物联网设备的行为。例如，通过智能合约，家庭主人可以设定特定条件，如温度、湿度等，当满足条件时，智能合约自动控制空调、加热器等设备的运行，实现智能家居的自动化。

3. 支付和结算系统

智能合约在支付和结算系统中具有广泛的应用。在物联网设备之间的交易中，智能合约可以自动执行支付，无需第三方介入，提高支付的效率和安全性。这对于自动售货机、智能汽车充电站等场景尤为实用。

4. 智能合约作为身份认证的一部分

智能合约可以用于物联网设备的身份认证。每个设备可以有一个唯一的身份智能合约，通过智能合约中的规则和条件验证设备的身份。这有助于防止设备被冒充或未经授权的设备接入。

5. 环境监测与控制

在环境监测与控制方面，智能合约可以用于管理和控制物联网设备，以实现对环境的智能监测和调控。例如，在农业领域，智能合约可以根据传感器数据实时监测土壤湿度、温度等信息，并自动控制灌溉系统，实现精准农业。

6. 智能合约在工业自动化中的应用

在工业自动化中，智能合约可以用于管理生产流程、监控设备状态，并自动执行调度和维护操作。通过智能合约，工业生产可以更加智能、高效，减少人为干预，提高生产线的稳定性和可靠性。

7. 医疗健康领域

在医疗健康领域，智能合约可以用于管理患者数据、医疗记录，并自动执行一些医疗流程。例如，智能合约可以协调医疗设备之间的数据交互，确保患者数据的安全传输和存储。

（三）智能合约在物联网中的优势

1. 自动执行

智能合约能够自动执行预定的规则和条件，减少人工干预的需求。这在大规模的物联网环境中特别有用，可以提高效率、降低成本。

2. 透明度和可追溯性

智能合约的执行结果被存储在区块链上，保证了透明度和可追溯性。任何参与者都可以查看合约的历史记录，确保整个过程的公正和可信度。

3. 安全性

区块链技术的应用保障了智能合约的安全性。智能合约的代码和执行状态被分布式存储，通过密码学机制进行验证，防止了潜在的攻击和篡改。

4. 无需信任第三方

智能合约的执行不需要信任第三方，通过区块链的共识机制和不可篡改的特性，确保了所有参与者对合约执行状态的一致认同，从而降低了信任成本。

5. 高效的支付和结算

在物联网设备之间的交易中，智能合约可以实现快速、安全的支付和结算。这对于实现设备之间的实时交互和数据交换至关重要。

（四）智能合约在物联网中的挑战

1. 智能合约的编写复杂性

编写智能合约需要具备一定的编程技能，这对于一些非技术专业的物联网从业者可能是一项挑战。为了降低门槛，需要提供更加友好和简化的智能合约编写工具。

2. 性能问题

随着物联网规模的扩大，智能合约的执行量可能会大幅增加，导致性能问题。当前一些区块链网络的性能仍然有限，需要进一步提升以满

足物联网的需求。

3. 隐私和安全难题

智能合约中的数据和执行状态都是公开的，这可能涉及到一些隐私和安全的问题。特别是在一些医疗、金融等敏感领域，需要更加先进的隐私保护技术。

4. 标准化和互操作性

缺乏智能合约的标准化可能导致不同物联网设备之间的互操作性问题。标准化是实现设备之间无缝协同工作的关键。

（五）智能合约在物联网中的未来发展方向

1. 智能合约编程工具的改进

未来可以期待更加智能、简化的智能合约编程工具的出现，使非技术专业人员也能够轻松编写和部署智能合约。

2. 跨链技术的应用

随着物联网规模的不断扩大，可能会出现多个区块链网络协同工作的情景。跨链技术可以实现不同区块链网络之间的数据交换和智能合约的协同执行。

3. 隐私保护技术的创新

随着隐私保护技术的不断创新，未来会开发出更加高级的隐私保护机制应用于智能合约中，确保敏感数据的安全性。

4. 行业标准的制定

随着智能合约在物联网中的广泛应用，有必要建立起相应的行业标准。标准化有助于推动不同系统和设备的互操作性，降低整个生态系统的集成难度。

5. 跨行业的合作和创新

智能合约的应用不仅局限于特定行业，不同行业之间的合作和创新可能会带来更多的应用场景。例如，将智能合约应用于供应链和金融结算的整合，实现更加高效的跨行业业务流程。

智能合约作为区块链技术的一个重要应用，在物联网领域展现出了良好的应用前景。通过自动执行预定规则、提高透明度和安全性等特点，智能合约为物联网设备之间的交互提供了新的解决方案。尽管面临一些挑战，如编写复杂性、性能问题、隐私和安全难题等，但随着技术的不断发展和行业的不断创新，这些挑战将逐步得到克服。

未来，随着智能合约编程工具的改进、跨链技术的应用、隐私保护技术的创新以及行业标准的制定，智能合约在物联网中的作用将更加突出。跨行业的合作和创新将为智能合约提供更广阔的应用场景，促使不同领域的物联网设备实现更高效、更安全、更智能的协同工作。

综合而言，智能合约不仅是推动物联网技术发展的关键因素之一，同时也为各行业带来了更加智能化和自动化的解决方案。随着对智能合约技术的深入研究和实践经验的积累，相信智能合约将在物联网领域取得更大的成功，为数字化时代的发展做出更为重要的贡献。

二、区块链在自动化与智能控制中的应用

自动化与智能控制作为现代工业与科技领域的重要组成部分，通过提高效率、降低成本、提升精度等方面的优势，推动了产业的快速发展。随着区块链技术的不断成熟，其在自动化与智能控制领域的应用也逐渐受到关注。以下将深入探讨区块链在自动化与智能控制中的具体应用，涵盖基本原理、应用场景、优势、挑战以及未来发展趋势。

（一）区块链在自动化与智能控制中的应用场景

1. 智能供应链管理

区块链可以用于构建智能供应链系统，实现对供应链各个环节的实时监测与管理。通过区块链的去中心化特性，可以追踪产品的生产、运输、存储等各个环节，确保供应链的透明度和可追溯性。

2. 智能制造与工业物联网

在制造业中，区块链可应用于智能制造和工业物联网。通过将设备

和工序信息存储在区块链上，实现设备之间的信任合作，提高生产效率，减少故障和停机时间。

3. 智能能源管理

区块链技术可以支持智能能源管理系统，实现对能源生产、储存、分配和消耗的全面监控。智能合约可用于自动化执行能源交易，促进分布式能源系统的发展。

4. 智能城市基础设施

在智能城市建设中，区块链可以应用于智能交通、智能停车、供水、供电等基础设施。通过建立智能合约，实现城市各个系统之间的协同工作，提升城市运行的效率和可持续性。

5. 智能合约在自动化设备管理中的应用

区块链的智能合约可以用于自动化设备管理，包括设备的注册、认证、更新、维护等过程。通过智能合约，设备可以自动执行与其他设备的合作，实现更智能的设备网络。

6. 智能合约在物联网数据市场中的应用

区块链和智能合约的结合可以促进物联网数据市场的发展。数据提供者可以通过智能合约安全地共享其数据，而数据消费者则可以透明地获取和支付所需的数据，促使数据的合理流通。

（二）区块链在自动化与智能控制中的优势

1. 去中心化的信任体系

区块链建立了去中心化的信任体系，减少了对中心化机构的依赖。自动化系统中的各个节点可以通过区块链网络建立信任，实现更加安全和高效的合作。

2. 透明度和可追溯性

区块链的透明度和不可篡改性确保了数据的真实性和可追溯性。在自动化与智能控制中，这意味着可以追踪每个操作的来源和结果，提高数据的可信度。

3. 智能合约的自动化执行

智能合约的自动化执行机制使得事务处理更加高效。在自动化系统中，智能合约可以代替传统的中介机构，实现自动验证和执行，减少了人为的介入和错误。

4. 安全性与防篡改性

区块链的安全性得益于其密码学算法和去中心化的特性。数据一旦写入区块链，就无法被篡改，确保了自动化系统中的数据安全性。

5. 数据共享和协同合作

区块链促进了数据的共享和协同合作。自动化系统中的各个节点可以通过区块链网络实现数据的共享，从而提高整个系统的效率和响应速度。

（三）区块链在自动化与智能控制中面临的挑战

1. 性能问题

区块链网络的性能问题仍然是一个挑战。由于每个节点都需要复制整个账本，随着交易量的增加，区块链的性能可能受到限制。解决性能问题是实现大规模自动化系统的关键。

2. 标准化问题

目前缺乏在自动化与智能控制领域广泛接受的区块链标准，这可能导致不同系统之间的集成困难。标准化工作需要得到进一步推动，以确保不同系统的互操作性。

3. 隐私问题

自动化系统中涉及的大量数据可能涉及隐私问题。如何在区块链中平衡数据共享和隐私保护仍然是一个挑战，尤其是在涉及敏感信息的场景中。

4. 能源消耗

一些区块链的共识机制，尤其是工作量证明，涉及大量计算，导致高能耗。解决能源消耗问题对于推广区块链在自动化系统中的应用至关重要。

（四）区块链在自动化与智能控制中的未来发展趋势

1. 共识机制的创新

未来可能出现更加环保和高效的共识机制，如权益证明等，以解决区块链的性能和能源消耗问题。

2. 跨链技术的应用

跨链技术的发展将有助于解决不同区块链系统之间的标准化和互操作性问题。不同自动化系统可以通过跨链技术实现数据的安全、高效地交换和协同工作。

3. 智能合约的更广泛应用

随着智能合约编程工具的改进，未来可以期待更广泛的智能合约应用于自动化与智能控制领域。智能合约将成为自动化系统中不可或缺的一部分，实现更多复杂业务逻辑的自动化执行。

4. 隐私保护技术的创新

随着密码学和隐私保护技术的发展，未来可以开发出更加先进的隐私保护机制应用于区块链，解决自动化系统中的隐私问题。

5. 行业标准的建立

行业标准的建立是推动区块链在自动化与智能控制领域广泛应用的关键。通过建立统一的标准，不同系统和设备可以更加容易地进行集成和协同工作。

区块链在自动化与智能控制领域的应用为现代产业和科技带来了新的机遇和挑战。其去中心化的特性、透明度和安全性为自动化系统提供了信任和效率的基础。然而，仍需要克服性能、标准化、隐私等方面的问题，以实现区块链在自动化与智能控制中的更广泛应用。通过技术创新、行业合作和标准化工作的共同努力，相信区块链将在未来取得更为显著的成就，为自动化与智能控制领域的发展注入新的活力。

三、区块链对物联网中业务逻辑的增强

物联网作为连接实体世界的网络，将各类设备、传感器和系统整合在一起，形成一个庞大而复杂的生态系统。然而，随着物联网规模的扩大，业务逻辑的管理和执行变得愈发复杂。区块链技术作为一种去中心化、安全、不可篡改的分布式账本技术，为物联网中的业务逻辑提供了新的解决方案。以下将深入探讨区块链如何增强物联网中的业务逻辑，包括其在安全性、可追溯性、智能合约、数据隐私等方面的应用。

（一）区块链在物联网中的应用背景

1. 物联网的复杂性

随着物联网设备的不断增加，各种设备、传感器及系统之间的协同工作变得越来越复杂。数据的产生、传输、存储、分析等环节需要高效而安全的管理，以确保整个物联网系统的正常运行。

2. 数据安全与隐私问题

物联网中产生的海量数据包含用户隐私和商业机密，因此数据的安全性和隐私保护成为极为重要的问题。传统的中心化数据管理容易受到攻击和篡改，需要更加安全可靠的解决方案。

3. 业务逻辑的复杂执行

物联网中涉及到的业务逻辑越来越复杂，涉及设备之间的协同、数据交换、智能决策等。传统的中心化管理方式难以胜任这一任务，需要一种更加灵活和安全的业务逻辑管理机制。

（二）区块链在物联网业务逻辑中的具体应用

1. 安全的设备身份认证

区块链可以用于设备的身份认证，每个设备都有唯一的身份标识存储在区块链上。这确保了设备的真实性，防止设备被冒充或篡改。

2. 智能合约在设备协同中的应用

物联网中的设备需要协同工作以完成复杂的业务逻辑。智能合约可以编写规则，使设备在满足一定条件时自动执行某些操作，实现设备之间的协同工作。

3. 供应链中的透明度与可追溯性

在物联网中的供应链管理中，区块链可以确保物流、生产和交易等数据的透明度和可追溯性。通过区块链，参与方可以实时查看和验证供应链中的各个环节，减少信息不对称和降低风险。

4. 智能合约在支付与结算中的应用

物联网设备之间的交易可以通过智能合约实现自动化的支付与结算。例如，在智能城市中，设备之间可以进行能源交易，通过智能合约可以实现实时的支付和结算，提高了交易的效率和透明度。

5. 数据市场中的智能合约应用

区块链可以构建物联网数据市场，通过智能合约实现数据安全、可控的共享。数据提供者和数据消费者可以通过智能合约进行安全的数据交换，确保数据的所有权和使用权限。

6. 设备追溯与维护管理

区块链的不可篡改性和可追溯性可以用于设备的追溯与维护管理。每个设备的生命周期信息、维护记录等可以被记录在区块链上，确保设备信息的可信度和可追溯性。

7. 智能合约在智能城市中的应用

智能合约在智能城市中有着广泛的应用，例如智能交通管理、智能公共服务等方面。通过智能合约，可以实现交通信号的自动调整、公共资源的智能分配等，提升城市运行的效率和便捷性。

（三）区块链对物联网业务逻辑的增强优势

1. 数据的安全性

区块链通过其分布式、不可篡改的特性，提高了物联网数据的安全性。数据存储在每个节点上，不易受到单一节点的攻击，确保了数据的保密性和完整性。

2. 智能合约的自动执行

智能合约的自动执行机制可以减少人工干预，提高业务逻辑的执行效率。设备之间的交互、数据的交换等都可以通过智能合约实现自动化，降低了操作的复杂性。

3. 透明度和可追溯性

区块链的透明度和可追溯性确保了物联网中各个环节的可视化。参与方可以实时查看和验证数据，追溯数据的来源和变更历史，增强了业务逻辑的透明度和可信度。

4. 去中心化的信任机制

区块链通过去中心化的信任机制建立了设备、节点之间的信任关系。不再依赖单一的中心化机构，减少了信任的单点故障，提高了整个物联网系统的稳定性。

5. 降低数据交换的成本

通过智能合约的自动执行和区块链的安全性，降低了数据交换的成本。设备之间的交互、数据的共享不再需要经历繁琐的中介流程，提高了数据交换的效率。

（四）区块链对物联网业务逻辑的增强挑战

1. 性能问题

区块链网络的性能问题仍然是一个挑战，尤其是在大规模物联网场景下。解决性能问题是推动区块链在物联网中广泛应用的重要前提。

2. 标准化问题

目前缺乏在物联网领域广泛接受的区块链标准，这可能导致不同物联网系统之间的集成困难。需要进一步推动标准化工作，以确保不同系统的互操作性。

3. 隐私与合规性问题

物联网中涉及大量用户和设备的隐私信息，如何在区块链中平衡数据共享和隐私保护仍然是一个挑战。同时，合规性方面的问题也需要得

到解决，特别是涉及到法规和法律的要求。

4. 教育和培训

区块链技术的应用需要相关领域的专业人才，包括区块链开发者、安全专家等。因此，培养和招聘相关的专业人才是一个挑战，需要在教育体系和企业培训中进行深入的探讨和改进。

（五）区块链在物联网中业务逻辑的未来发展趋势

1. 性能优化和扩展性提升

未来的发展趋势将着重于优化区块链网络的性能，包括提高交易处理速度、降低能源消耗等。引入新的共识机制和扩展性方案，以满足物联网大规模应用的需求。

2. 标准化推动

随着区块链在物联网中的应用逐渐成熟，行业标准的建立将变得至关重要。标准化工作将有助于不同系统的互操作性，推动行业更加健康、有序地发展。

3. 隐私保护技术的创新

隐私保护一直是物联网和区块链结合中的一个关键问题。未来，将开发出更加先进的隐私保护技术，例如，零知识证明、同态加密等，以实现更好的隐私保护和合规性。

4. 深度融合人工智能技术

区块链与人工智能的深度融合有助于增强物联网业务逻辑。智能合约可以结合人工智能技术，实现更复杂的业务逻辑和智能决策，提高系统的智能化水平。

5. 多链互联和跨链技术的发展

随着物联网系统的复杂性增加，多链互联和跨链技术的发展将变得更为重要。不同的区块链网络可以通过跨链技术实现互联，促进数据的流通和协同工作。

6. 智能合约编程工具的改进

随着对智能合约的需求增加，智能合约编程工具将得到不断的改进和优化。更加友好的智能合约编程工具将推动更多开发者参与到物联网和区块链的应用开发中。

在物联网的快速发展和区块链技术不断创新的背景下，区块链对物联网中业务逻辑的增强已经成为不可忽视的趋势。由于具备去中心化的信任机制、不可篡改的数据记录、智能合约的自动执行等关键特点，区块链为物联网带来了更安全、透明、高效的业务逻辑管理方式。

然而，区块链在物联网中的应用仍面临一些挑战，如性能问题、标准化问题、隐私与合规性问题等。未来的发展需要技术创新、标准制定、人才培养等多方面的努力。随着技术的进步和行业的共同努力，相信区块链在物联网中的应用将不断深化，为构建更加安全、智能、可信赖的物联网生态系统做出更大的贡献。

参考文献

［1］ 林熹. 区块链导论［M］. 北京：机械工业出版社，2021.

［2］ 陈晓华，刘彬. 揭秘区块链［M］. 北京：北京邮电大学出版社，2020.

［3］ 王焕然，常晓磊，魏凯. 区块链社会［M］. 北京：机械工业出版社，2020.

［4］ 游林，曹成堂. 区块链技术教程［M］. 西安：西安电子科学技术大学出版社，2022.

［5］ 张小猛，叶书建. 破冰区块链：原理、搭建与案例［M］. 北京：机械工业出版社，2018.

［6］ 李赫，何广锋. 区块链技术：金融应用实践［M］. 北京：北京航空航天大学出版社，2017.

［7］ 顾炳文. 风口区块链［M］. 北京：民主与建设出版社，2018.

［8］ 王峰. 尖峰对话区块链［M］. 北京：中信出版社，2019.

［9］ 毕伟，雷敏，贾晓芸. 区块链导论［M］. 北京：北京邮电大学出版社，2019.

［10］ 桂小林. 物联网信息安全［M］. 2 版. 北京：机械工业出版社，2021.

［11］ 杨东. 链金有法：区块链商业实践与法律指南［M］. 北京：北京航空航天大学出版社，2017.

［12］ 李冬梅，郑循刚. 食品技术经济学［M］. 北京：中国轻工业出版社，2020.

[13] 郭立文，刘向锋. 信息技术基础与应用 [M]. 北京：北京理工大学出版社，2020.

[14] 陈勇. 支付方式与支付技术：从实物货币到比特币 [M]. 长沙：湖南大学出版社，2018.

[15] 朱嘉明. 未来决定现在 [M]. 太原：山西人民出版社，2020.